地下水可渗透反应墙修复技术原理、设计及应用

陈梦舫 钱林波 晏井春 等 著

科学出版社

北京

内 容 简 介

本书总结了近年来备受关注的地下水可渗透反应墙修复技术的发展历程。系统介绍了该技术的基本原理、典型结构、修复填料的选择及修复机理等。详细阐述了该技术的工程设计流程，如安装条件、施工工艺、后期性能监测、评价及维护等。最后，列举了国内外典型的地下水可渗透反应墙修复技术案例。以期为可渗透反应墙修复技术在我国的发展和普及做出贡献。

全书系统全面、实践性强，可作为环境科学与工程、地下水科学与工程、土壤-地下水修复等领域的科研工作者、研究生及技术人员的参考书，也可作为高等院校、研究所相关专业研究生课程的参考教材。

图书在版编目（CIP）数据

地下水可渗透反应墙修复技术原理、设计及应用 / 陈梦舫等著. —北京：科学出版社，2017.5

ISBN 978-7-03-052861-2

Ⅰ. ①地… Ⅱ. ①陈… Ⅲ. ①场地－环境污染－地下水污染－污染控制－研究 Ⅳ. ①X502

中国版本图书馆 CIP 数据核字（2017）第 112997 号

责任编辑：胡 凯 周 丹 / 责任校对：郑金红

责任印制：张 伟 / 封面设计：许 瑞

科学出版社 出版

北京东黄城根北街 16 号

邮政编码：100717

http://www.sciencep.com

北京凌奇印刷有限责任公司 印刷

科学出版社发行 各地新华书店经销

*

2017 年 5 月第 一 版 开本：720 × 1000 B5

2017 年 5 月第一次印刷 印张：10 1/2

字数：210 000

POD定价： 88.00元

（如有印装质量问题，我社负责调换）

作者简介

陈梦舫 中国科学院南京土壤研究所研究员，中国土壤学会土壤修复专业委员会主任，中国科学院“百人计划”入选者（引进海外杰出人才），污染场地安全修复技术国家工程实验室副主任，中国科学院土壤环境与污染修复重点实验室副主任，国际污染场地可持续修复联盟委员，伦敦地质协会资深地质学家，欧盟 FP7 NANOREM 纳米铁修复技术应用项目国际顾问，江苏省环境科学学会土壤与地下水修复专业委员会主任。曾任英国伦敦 2012 年奥运会高级环境顾问。主要从事污染场地土壤与地下水原位修复技术研发、场地土壤与地下水污染风险管控及可持续修复管理框架体系、废弃矿山污染机理及防控技术研究。2012 年开发了我国首套污染场地土壤与地下水风险评估 HERA 软件，有望成为建立我国污染场地环境管理框架体系中的重要工具。

钱林波 男，博士，中国科学院南京土壤研究所助理研究员，2014 年获浙江大学环境科学博士学位，主要从事土壤与地下水调查、风险评估及污染控制与修复的研究。已在 *Environmental Science & Technology*、*Environmental Pollution*、*Journal of Agricultural and Food Chemistry*、《环境科学》等国内外重要刊物上发表 20 余篇论文。目前主持国家重点研发计划“纳米科技”重点专项子课题、国家自然科学基金项目、科技部 863 项目子课题等 5 项。

晏井春 男，博士，中国科学院南京土壤研究所助理研究员，主要从事污染场地环境调查、有机污染物修复和环境修复材料研发。已在国内外学术期刊 *Bioresource Technology*、*Chemical Engineering Journal*、*Journal of Hazardous Materials* 和 *Chemosphere* 等发表学术论文 20 余篇；已获授权中国发明专利 2 项，申请中国发明专利 2 项。目前，主持国家自然科学基金项目、中国科学院南京土壤研究所“一三五”计划和领域前沿项目等 4 项。

前　言

地下水作为重要的供水水源和生态环境资源，是国民经济发展的重要支撑，在社会可持续发展和生态文明建设中具有突出地位。但随着我国工业化、城市化和农业集约化的快速发展，全国地下水污染程度不断加重，污染范围持续扩大。据国土资源部2011年全国地下水调查情况汇总，全国浅层地下水资源有37%的面积低于Ⅲ类水质标准，普遍呈现污染加剧和水质变差等情况。可渗透反应墙（permeable reactive barrier，PRB）是一种利用特定反应介质通过物理、化学及生物降解等方法去除地下水中污染组分的原位修复技术，其原理是使污染羽状体中的污染组分转化为环境可以接受的形式，从而实现地下水污染治理的目的。PRB可以有效去除多种污染物，包括水中溶解的重金属、有机物、无机阴离子和放射性物质等。PRB技术具有成本低廉、无需外加动力、可持续原位处理多种污染物、无需储水容器、处理效果好、对生态环境干扰小、性价比高等优势，已逐步取代传统的抽出处理技术。目前，我国在PRB技术治理土壤和地下水污染方面多集中于室内实验研究，缺乏技术储备和工程应用经验。而欧美国家自20世纪90年代以来已进行了大量的实验及工程研究，并应用到实际场地修复中。

本书依托国家高技术研究发展计划（863计划）子课题“新型渗透式反应屏障（PRB）技术研发与实施”（2013AA06A208）、中国科学院南京土壤研究所“一三五”规划和领域前沿项目重点培育方向课题“污染场地下水中铬的迁移转化行为特征与PRB修复研究”（ISSASIP1656）及江苏省自然科学青年基金“生物炭改善纳米零价铁团聚作用及增强地下水中铬去除的机理研究”（BK20151052）等项目，全面介绍了PRB技术的原理、设计和应用，调查了大量国内外PRB实际工程案例，总结了以铁基材料，特别是零价铁（zero valent iron，ZVI）为填料的可渗透反应墙系统在不同场地条件下的设计参数、修复时间与效果；结合场地特征调查，探讨了PRB的地区适用性；依据实验室批实验和柱实验，确定了最佳的反应填料及其配比；结合数值模型分析结果，设计和明确了PRB的位置、结构尺寸、使用寿命与监测方案，并讨论了数值模拟的不确定性；介绍了PRB的安装流程及各部分施工工艺的设计方法；针对PRB性能与监测手段，从污染物、水力性能、地球化学性能等方面展开了全面的评价；以若干完整案例的形式，介绍了国内外典型PRB工程从设计施工、安装运行，到运行效果评估、环境风险降低情况讨论等。以期为我国PRB工程建设及地下水污染修复提供技术支撑。

本书共分为七章，由陈梦舫研究员主持撰写，参加撰写的人员及分工如下：

第一章，陈梦舫、钱林波；第二章，晏井春、苏安琪；第三章，钱林波、苏安琪；第四章，苏安琪、倪浩；第五章，张文影、刘荣琴；第六章，张文影、刘荣琴；第七章，陈梦舫、晏井春、张文影。全书由陈梦舫研究员统稿、定稿。

书中援引了相关论著的宝贵数据，在此对相关作者表示感谢。中国科学院南京土壤研究所研究生韩璐、高卫国、欧阳达、陈云，科研助理倪浩、李婧以及南京凯业环境科技有限公司冉睿予、周实际、姚晋均参与了本书的前期准备、资料整理和校对工作。此外，感谢环境保护部南京环境科学研究所龙涛研究员、上海市环境科学研究院杨洁高级工程师对本书编著给予的大力支持和协助。

由于作者水平有限，书中难免存在疏漏之处，敬请广大读者和各位同仁批评指正。

陈梦舫

2017 年 1 月于南京

目　　录

第一章 绪 论

地下水是重要的饮用水源之一，我国水资源总量的 1/3 和供水总量的 20%来自地下水（Alley *et al.*，2002；姜建军等，2005）。因此，保护地下水环境，特别是防止因地下水污染造成的水质下降，对我国社会和经济的发展、人体健康以及生态环境安全具有重要意义。近 30 年来，我国地下水的过度开采和相对缓慢的补给速度，给地下水环境带来了一定的压力。同时，我国工业化进程的急剧加速造成了地下水污染问题日趋严重。环保部公布的《2013 年中国环境状况公报》表明，2013 年全国 200 个城市开展的 4778 个地下水水质监测点中，优良—良好—较好水质的监测点比例为 40.4%，较差—极差水质的监测点比例为 59.6%。与上一年相比，在连续监测的 185 个城市中，有 18%的监测点水质变差。有关部门对 118 个城市 2~7 年的连续监测资料显示，约有 64%的城市地下水遭受严重污染，33%的城市地下水受到轻度污染，地下水基本清洁的城市只有 3%。可见，我国地下水水质问题已经十分突出。

不同于地表水污染，污染物一旦进入地下含水层，将非常难治理。现阶段我国地下水污染逐渐扩大，呈现出由点向面演化、由东部向西部扩展、由城市向农村蔓延、由局部向区域扩散的趋势。污染物组分也更加复杂，由无机向有机发展，危害程度日趋严重。由于地下水污染面积不断扩大，污染程度不断加重。长期饮用受污染的地下水，则会导致慢性中毒，皮肤色斑，手脚角质层增厚、疼痛，甚至瘫痪、致癌、死亡等，对人体健康造成很大危害；工业上采用被污染的地下水，不但腐蚀机械设备，而且降低产品的质量，影响工业正常生产；农业生产用被污染的地下水灌溉农田，不仅会降低农用设备的功能，而且将使土壤功能退化，改变土壤物理、化学性质而抑制农作物的正常生长，甚至直接致死。因此，地下水污染的修复工作迫在眉睫。欧美国家在地下水污染治理方面已逐渐发展形成较为系统的地下水污染修复技术，并进行了大量的工程和实验研究，将它们成功运用到实际污染治理中，且为商业应用。随着我国地下水污染日趋严重，近年来地下水污染修复技术的研究也引起国内学者的广泛关注。目前，常用的地下水污染修复技术有原位曝气、生物修复、可渗透反应墙（permeable reactive barrier，PRB）、抽出—处理、监测自然衰减等。与其他地下水污染修复技术相比，PRB 技术不涉及地下水的抽提回灌和地面防渗处理，对修复区干扰小，可避免二次污染，反应介质选择性较强，对多数污染物的去除效果较好（隋红，2013）。

本章概述了地下水 PRB 修复技术的基本概念及其优缺点，总结了国内外 PRB

修复有机污染物、重金属以及无机污染物的研究进展，并对可渗透反应墙技术用于污染地下水修复的潜力进行了展望。

第一节　PRB 技术及其原理

一、PRB 技术定义

PRB 技术于 1982 年由美国环保局（USEPA）提出，20 世纪 90 年代初得到深入研究。它是一种以原位渗透处理带作为修复主体的地下水修复技术，利用特定的反应介质，通过物理、化学和生物降解等方法去除地下水中的有机污染物、重金属、无机盐或放射性物质等，使污染组分转化为环境可以接受的形式，以达到阻隔和修复污染羽的目的。具有持续原位处理多种污染物、处理效果好、性价比高、易安装施工等优点。美国环保局于 1998 年发行的《污染物修复的 PRB 技术》手册（Powell *et al.*，1998）将其定义为地下安置填充有活性反应介质的墙体，当地下水中的污染组分通过该反应介质时，转化为环境可接受的形式或是直接截留在墙体内，从而达到去除污染物的目的。2005 年，ITRC（Interstate Technology and Regulatory Council）（Turner *et al.*，2005）对 PRB 也给出了定义：PRB 在广义上是一种连续的原位渗透处理区，并被设计用来拦截和处理污染羽。这种处理区可以直接利用反应介质铁设立（如零价铁，zero valent iron，ZVI），也可以间接通过加入用来激发二级处理过程的介质设立（如通过加入碳源和营养盐来刺激活化微生物的活性），污染物在 PRB 中通过物理、化学和生物过程去除。图 1-1 是 PRB 系统示意图。

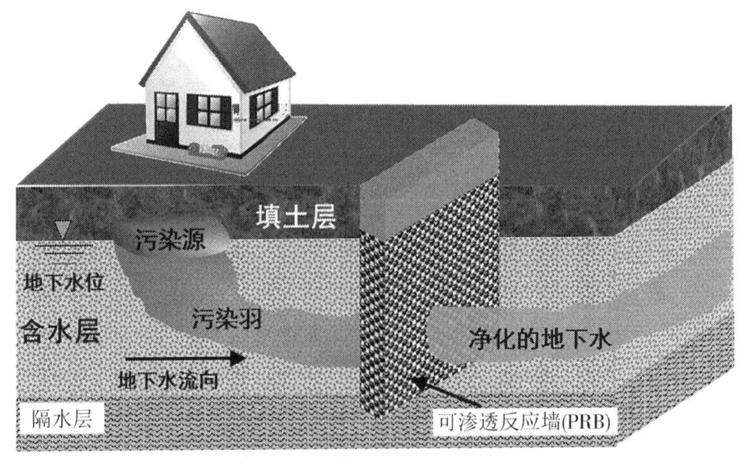

图 1-1　PRB 系统横断面示意图

一般情况下，PRB 利用活性反应介质填料构筑物形成一个垂直于水流流向的反应屏障区，并安装在地下水污染羽状体的下游蓄水层中。被污染的地下水在天然水力梯度下流经反应介质，无需外加动力。水中溶解的多种污染物质通过与活性介质发生氧化还原、生物降解、吸附、化学沉淀、淋滤等一系列反应得以去除。PRB 在施工结束后，除在某些特殊情况下需要更换墙体反应介质填料外，几乎不需要其他运行和维护费用。

二、PRB 技术原理

污染物通过天然或人工的水力梯度被运送到经过精心放置的处理介质中，在具有较高渗透性的化学活性物质的作用下，发生沉淀反应、吸附反应、催化还原反应或催化氧化反应，转化为低活性的物质或降解为无毒的成分。从广义上讲，PRB 的去除机理可以分为三类，即降解、沉淀和吸附。降解是通过化学或者生物反应使污染物分解或降解成无害的物质；沉淀即通过生成不可溶解的沉淀将污染物去除，生成沉淀的化学状态不能改变；吸附是通过吸附或生成络合物去除污染物，生成物质的化学状态不变。去除机理还可以进一步被细分为还原去除有机物、氧化去除有机物、生物降解去除有机物、吸附去除有机物或无机物、还原/沉淀去除重金属等。按照 PRB 处理方式可细分为以下五种类型：①调整地下水的 pH 或者氧化还原电位（oxidation-reduction potential，ORP）状态，这将影响对 pH 或 ORP 条件敏感的物质的去除效率，此类型介质填料为还原剂，利用还原剂的还原性与地下水中的无机离子、有机物发生氧化还原反应，将无机离子以单质或不溶性化合物从水中析出，将难生物降解或不可生物降解的有机物还原为可生物降解或易生物降解的简单有机物，从而修复治理地下水环境。如 Cr（Ⅵ）在还原条件下比较容易沉淀去除。一些有机物，如汽油中的芳香烃更容易在好氧条件下被微生物降解。②通过调整矿物相的溶解和沉积状态来固定污染物，该类型墙体的介质填料为类似羟基磷酸盐和碳酸钙等的沉淀剂，当污染水通过墙体时，水体中的微量金属与介质填料发生沉淀反应，以达到除污目的。Xu 等研究表明通过溶解羟基磷灰石释放足够的磷酸盐离子可以促进重金属铅沉淀，使其从水中去除；石灰石等碱性材料，可以使酸性采矿废水中的某些离子转化为沉淀而去除（Xu and Schwartz，1994）。③通过吸附作用来去除污染物，该类墙体的介质填料为吸附剂。其反应实质是利用介质填料的吸附性，先将污染物质吸附在介质表面上，然后通过离子交换作用去除污染物。填料为活性炭的 PRB 可以通过吸附作用去除疏水性有机物（Arora *et al.*，2011），该过程受 pH 和有机质等因素的影响；沸石 PRB（Woinarski *et al.*，2003）通过阳离子交换作用可以吸附去除地下水中的钠、钾、钙、镁、铅、铜和镉等金属阳离子，经过改性的沸石还可以被用来去除地下水中

的 NH_4^+、NO_3^-、PO_4^{3-}、PCE、铀及苯系物等。但沸石 PRB 去除机理单一，吸附饱和后便失去对污染物的去除能力，需通过反冲洗等其他手段对沸石进行活化，或是经常更换吸附剂。因此，沸石常被作为 PRB 的部分反应介质，以在 PRB 运行初期实现对污染物的快速去除。④生物降解过程，是指在污染羽下游修建具有生物活性的反应墙体，设置电子供体/受体或营养物供给系统，通过激活土著微生物或者在反应区接种目标污染物的优势降解菌，从而达到生物去除地下水中污染物的效果。该类 PRB 可供应生物降解所需要的营养物质，如含有固体有机碳（锯屑）的活性填料可以提供溶解性有机碳，促进异养反硝化去除地下水中硝酸盐的过程（Robertson and Cherry，1995）。Xin 等分别构建了生物降解 PRB，用以修复地下水中的 TCE 和苯系物（Xin *et al.*，2013）。在利用生物降解 PRB 修复地下水时，去除效率主要受到微生物碳源、电子供体以及地下水环境（pH、温度和盐度）的影响。作为微生物最容易利用的电子受体 O_2，在地下水修复时通常通过井内曝气、加入释氧材料（ORC）等方式来提高地下水中的溶解氧（dissoved oxygen，DO），以促进 PRB 中的生物降解效率（Obiri *et al.*，2014）。ORC 作为一种简便、高效增加地下水中 DO 的技术，已经被广泛研究并实际应用于地下水修复中（Li *et al.*，2014）。⑤物理去除和转化过程。如原位曝气系统，包括注入井、气体抽排井、空气压缩机、真空泵、蒸汽处理单元、流量计等，在污染区内注入空气后，挥发性有机物从地下水解吸至空气流，并通过空气流传输到地面进行处理（Arora *et al.*，2011）。

第二节 PRB 技术研究进展

PRB 技术最早是由美国环保署（USEPA）于 1982 年提出，1989 年加拿大 Waterloo 大学经过研究开发，建立起一套完整的 PRB 系统，并采用该原位修复技术成功处理了受污染的地下水，引起专家学者们极大的重视。此后，短短的十几年内，欧美一些发达国家和地区对 PRB 技术做了大量的室内实验研究、野外实验模拟和工程技术探索工作，技术相对成熟，并且已拓展到商业化工程应用中。到目前为止，欧洲和北美许多地方已经建成的 PRB 系统超过 120 座，广泛应用于重金属、非金属、无机盐、石油烃、卤代物、苯系物、杀虫剂、除草剂以及多环芳烃等多种污染地下水处理领域（Hosseini *et al.*，2011；Gibert *et al.*，2008；Tiehm *et al.*，2008；Weisener *et al.*，2005；Morrison *et al.*，2002；Li *et al.*，1999；Vogan *et al.*，1999；Gillham and Ohannesin，1994）。而在国内，PRB 技术的研究还处于起步阶段，主要集中于实验室模拟研究，针对 PRB 反应介质的选取、反应机理、修复效果及其影响因素等方面，应用于实际污染场地中的 PRB 尚不多见。本节根据污染物的类型，简述 PRB 技术去除有机物、重金属和无机离子的研究进展。

一、PRB 技术去除有机物

地下水有机污染日益严重，受到越来越多专家学者的广泛关注。其中，氯代烃和石油烃是地下水中两类最主要的有机污染物。国内外许多研究表明，可以使用 PRB 对有机污染的地下水进行有效原位修复。有关 PRB 应用于有机污染物去除的研究成果如下：

1991 年，加拿大安大略省 Borden 空军基地建造了世界上第一座可渗透反应墙，墙体材料由铁屑和粗砂组成，对污染羽状体中 PCE 和 TCE 的去除率高达 90%以上，效果十分显著。

1995 年，北爱尔兰 Monkstown 建立了一个漏斗-导水门式 PRB，经过长达 10 年的观测发现，PRB 墙体中的 ZVI 反应活性填料能有效修复含高浓度 TCE 的地下水（Phillips *et al.*，2010）。

1996 年，美国 Elizabeth 地区建成一座以 ZVI 为活性反应介质的连续式 PRB 反应墙，污染羽状体中 PCE 和 DCE 等有机物经过墙体后的出水浓度均达到相应的修复标准（Puls *et al.*，1999）。

1997 年澳大利亚东南部某企业发生石油溶剂油泄漏事件，约 3000 L 石油溶剂油渗漏到企业附近的土壤中。之后采用隔水漏斗-导水门式渗透反应结构来处理被污染的地下水，主要污染物是溶解的甲苯、乙苯、二甲苯和 C_6-C_{36} 的烷烃。经过 10 个月的处理操作后，发现隔水漏斗-导水门式渗透反应结构处理溶解相石油烃是非常有效的。对单环芳烃，其处理效率为 63%~96%；C_6-C_9、C_{10}-C_{14}、C_{15}-C_{28} 烃类的平均去除效率分别是 69.2%、77.6%、79.5%。即使去除效率最低的 C_{29}-C_{36} 烃，其平均去除效率也达到了 54%（Guerin *et al.*，2002）。

1998 年，Baker 等对 ZVI 活性介质进行改进，改善了卤代烃有机物、硝基苯、苯类、石油烃等由于吸附和沉淀作用在金属表面形成反应保护膜而阻碍反应的现象，它能维持对有机物较高的去除率。为了解决 ZVI 在体系中存在的问题，在 ZVI 颗粒表面镀上第二种金属（如镍、钯等），发展出双金属系统作为活性介质填料（Baker *et al.*，1998）。

双金属是指在 ZVI 的表面镀上第二种金属（如镍、钯、铜等）来增加反应速率，对一些污染物降解起到催化作用。Muftikian 等首先发现 ZVI 表面的钯能加速目标污染物的脱氯过程，且反应速率比 ZVI 系统增加 10 倍（Muftikian *et al.*，1995）。随着反应进行由于铁氧化膜的阻碍，作为催化剂的钯催化效率降低。Pd/Fe 双金属系统、Ti/金属氧化物复合电极系统被证明分别对难降解的有机物 PAHs 和 TCE 具有较好的降解效果（Petersen *et al.*，2007；Grittini *et al.*，1995）。

2007 年，Ahmad 等将天然有机物质与砂砾按照体积比为 7∶3 制成活性反应介质以修复地下水中的 RDX（hexahydro-1,3,5-trinitro-1,3,5-triazine）和 HMX（octahydro-1,3,5,7-tetranitro-1,3,5,7-tetrazocine），出水经检测基本不含RDX和HMX（Ahmad *et al.*，2007）。

除了非生物降解过程，PRB 修复技术也存在生物降解过程。Tiehm 等在微生物反应墙中连续注入过氧化氢，经过 270 天的运行后，地下水中的 BETX 和多环芳烃的去除率接近 100%（Tiehm *et al.*，2007）。

Vesela 等将微生物负载到煤渣上制成生物煤渣作为 PRB 反应墙活性介质，对地下水中的 BETX（苯、甲苯、乙苯、二甲苯）、氯苯、硝基苯、苯酸、TCE、总石油烃（TPH）等多种有机污染物均有非常好的去除效果（Vesela *et al.*，2006）。还有研究证明在微生物反应墙中添加释氧化合物可对地下水中的苯和甲苯等有较好的去除效果，出水浓度均小于 0.5 mg/L（Bianchimosquera *et al.*，1994）。

Liu 等采用二段式 PRB 处理系统去除水中的甲基叔丁基醚（MTBE），第一段采用 CaO_2、KH_2PO_4、$(NH_4)_2SO_4$、砂和一些微生物生长所需的微量元素按一定比例配制的混合物为介质，依靠 CaO_2 长期不断向水中释放氧气；第二段以膨化珍珠岩为介质，并维持在好氧状态，利用好氧微生物对 MTBE 进行降解。连续 800 h 的试验结果表明，当出水 pH 在 8 左右时系统可以达到最佳处理效果，MTBE 去除率约为 50%，如果反应停留时间足够长，MTBE 及反应过程中产生的副产物叔丁醇（TBA）可以被完全去除（Liu *et al.*，2006）。

二、PRB 技术去除重金属

重金属是地下水中的重要污染物之一，其在工业废物、尾矿和核废料污染的地下水中浓度很高。金属铁与重金属离子发生氧化还原反应，将重金属以不溶性化合物或单质的形式从水溶液中析出。目前大量室内实验报道的可利用 PRB 技术去除的重金属污染物有铬、镍、铅、铀、锑、锰、铜、钴、锌等。

1997 年 11 月在美国田纳西州建设的一个长 68 m、宽 0.6 m、深 9 m 的连续式 ZVI-PRB，其中间区域装填有长 8 m 的 ZVI（10~25 目）反应带，两边区域是 9 m 的砾石区，运行 15 个月，铀作为主要污染物被完全去除，同时硝酸盐也几乎被全部去除（Gu *et al.*，2002）。

Mallants 等讨论了使用六种不同反应填料（包括 ZVI、羟基氧化铁和一些复合填料）的批量试验结果，并对所有填料进行了从地下水中去除铀和砷能力的测试（Mallants *et al.*，2002）。结果表明，细粒 ZVI 去除溶液中的铀最成功，其去除率达 98%，推测去除铀的主要机制可能是通过还原沉淀；羟基氧化铁去除砷是最有效的，最大去除效率为 96%。该研究说明使用细粒 ZVI 和含有羟基氧化铁作为反应填料的 PRB 可以显著去除污染地下水中的铀和砷。

2001 年 Conca 等在美国利用 90 t 磷灰石建造 PRB 用于尾矿废水的修复。经过 5 年的运行，30%的磷灰石被消耗（Conca and Wright，2006）。出水中 Pb、Cd 的含量小于 0.002 mg/L，Zn 含量接近当地背景值（0.1 mg/L），SO_4^{2-}浓度从处理前的 250 mg/L 降至 100~200 mg/L，NO_3^-浓度低于 0.05 mg/L。

在美国北卡罗来纳州伊丽莎白城 Paspuotank 河南岸，一场地受 Cr（Ⅵ）和 TCE 污染严重，现场安装采用 450 t 铁屑作为墙体填充材料的 PRB，经过连续运行后，Cr 质量浓度由上游的 10 mg/L 降为 0.01 mg/L，TCE 质量浓度由 6 mg/L 降为 0.005 mg/L，低于规定的最大浓度水平（Wilkin *et al.*，2002）。

2002 年，匈牙利建立了一个以铁屑为活性介质的反应墙，一年后铀（U）的去除率高达 99%。尽管在系统中发现大量沉淀物，影响了其渗透能力，并对 ZVI 的反应活性产生抑制作用，但预计整个系统仍可运行 60 年左右（Roehl，2005）。

Phillips 等（2009）以牛粪、有机堆肥、石灰石碎块及沸石作为反应墙的墙体介质填料处理煤矿垃圾渗滤液，结果表明石灰石碎块与有机堆肥的比为 1∶1 的混合介质对金属离子去除率最佳。

2004 年在保加利亚西部建造连续式生物 PRB，以多种有机物料、石灰石碎块、沸石及磷酸铵为填料，对酸性矿山废水（含各类重金属、砷、硫酸盐、放射性元素等）进行修复，取得较好的效果（Groudev *et al.*，2007）。

在实验室利用消石灰和炼锗煤渣混合物作为 PRB 活性填料，处理铀矿尾矿库渗出水中的 U、Mn、Zn、Pb、Cu、As、Cd、SO_4^{2-}、F 等，发现采用质量比为 1∶4 的消石灰与炼锗煤渣混合物做反应填料对污染物去除效果最好。当 pH>6 时，U 浓度<0.1 mg/L，去除率>95%；当 pH>7 时，U 浓度<0.05 mg/L（吕俊文等，2007）。

采用柱实验形式，模拟还原铁粉、废料铁粉、废料铁粉与活性炭混合物作为活性填料的 PRB，对某废弃变压器厂受 PCBs 和重金属污染的地下水进行了处理，结果表明还原铁粉与石英砂混合的反应器对 Cr、Cd、Pb 去除率的波动幅度约 0.5%，对 As 的去除率不稳定；废料铁粉与石英砂混合的反应器对 Cd、Pb 去除率的波动幅度约 0.4%，Cr 和 As 的去除率从第 18 天开始稳定；废料铁粉、活性炭与石英砂混合的反应器对 Cd、Pb、As 去除率近乎稳定在 100%，Cr 的去除率先低后高（杨维等，2007）。

基于室内实验研究了不同粒度铁粉填充的 PRB 对铬盐污染土壤洗涤废水的处理效果，发现铁屑粒径越小，对 Cr 的去除效果越好，铁粉的利用效率越高，但粒径越小，处理水量越小。此外，随着时间的推移，铁屑处理废水量逐渐降低，说明铁屑内部堵塞现象严重（翟亚丽等，2012）。

研究发现填充电石渣和磷灰石的反应器对 Cu（Ⅱ）的去除率达 95.1%，对 Cr（Ⅵ）的去除率达 95.78%；而仅填充石英砂的反应器，在开始运行的前 6 天两种重金属离子的出水浓度都很低，但 6 天后都迅速上升，并达到稳定状态，说明重金属去除率很低（孙庆春等，2013）。表明电石渣和磷灰石能有效去除目标污染物，且在实验条件下处理效果较好的混合介质配比为电石渣 0.8 g、磷灰石 0.2 g、石英砂 1.0 g。

在实验室模拟地下水环境，选用还原铁粉、铸铁粉与颗粒活性炭的混合物作为可渗透反应墙的主要反应填料，石英砂为辅助介质，设计了 3 种反应器对 Pb（Ⅱ）、As（Ⅲ）、Cd（Ⅱ）、Cr（Ⅳ）均有较高的去除效果，去除率达 98%以上；总 Mn 的去除率分别达 98%、89%和 66%；Fe（Ⅱ）的去除率分别达 83%、56%和 49%（杜连柱等，2007）。

利用铁屑和粉煤灰组合来处理地下水中的 Cr（Ⅳ），研究表明铁与粉煤灰的比值对处理结果有较大影响，当介质投加量一定时，铁屑与粉煤灰的比值越大，其处理效果越好，但当达到一定数值后（1∶1），随着其比例的增大，去除率又呈缓慢下降趋势。铁屑与粉煤灰的比值为 1 时，去除率最高（尹国勋等，2007）。

三、PRB 技术去除无机离子

1997 年 Robertson 等选用淤泥质细砂、锯屑、树叶堆肥、黑麦种子等天然材料作为反应墙介质，对硝态氮进行现场小规模试验，结果显示出水中硝态氮含量由之前的 170 mg/L 大幅降至 59 mg/L（Robertson and Cherry，1997）。

Moona 等研究了自养硫黄氧化菌、硫黄微粒和石灰石构建的微生物反应墙对硝酸盐的去除效果，结果表明 90%的硝酸盐得以去除（Moon *et al.*，2004）。为解决沸石吸附饱和导致的功能失效问题，以沸石为载体富集细菌和极性分子制备生物沸石，在释氧材料与水反应连续释放氧气增加水体溶解氧的条件下，利用沸石离子交换吸附和微生物的硝化作用，实现对氨氮的去除；同时，促进吸附在沸石中的氨氮释放，延长沸石的使用寿命，从而达到高效持续去除地下水中氨氮的目的。

Rocca 等以棉花纤维和 ZVI 的混合物为介质，组成异养/自养反硝化处理 PRB 系统。实验在两组平行的连续推流式反应器中分别装入 150 g、300 g ZVI，进水硝酸盐浓度、磷酸盐浓度分别为 100 mg/L、3 mg/L 和 220 mg/L、6 mg/L（Rocca *et al.*，2007）。实验发现，异养/自养反硝化处理与仅以棉花纤维为载体的异养反硝化处理相比有较高的硝酸盐去除率，且去除率随装置中 ZVI 含量的增加而增大；通过调节水与 ZVI 的接触时间，可以把由 ZVI 还原反应产生的铵化物控制在可接受的程度。

以铁屑、麦饭石（即一种钙碱性、多孔矿物药石，具有良好的吸附溶出性能）和硫酸盐还原菌（SRB）为活性填料，构建 4 组耦合 PRB 动态柱修复地下水中 Cr（Ⅵ）和 NO_3^-。结果表明，4#（铁屑、麦饭石和 SRB）柱修复效果较 1#（麦饭石）、2#（铁屑、麦饭石）和 3#（麦饭石和 SRB）柱好，且稳定，对 Cr（Ⅵ）和 NO_3^-平均去除率分别是 97.7%和 97.34%，可见，以铁屑、麦饭石和硫酸盐还原菌为活性填料的耦合 PRB 系统修复地下水中 Cr（Ⅵ）和 NO_3^-兼具有效性与可行性（狄军贞等，2016）。

通过柱实验，研究了不同条件对 ZVI 模拟 PRB 去除地下水中硝酸盐的影响，结果表明在 ZVI 体系中添加活性炭不仅可以提高硝酸盐的去除率，还可延长 PRB 的有效期，同时添加锯末和 ZVI 的生物-化学联合法更有助于提高出水水质，最后证明基于ZVI的PRB用于去除中性或偏碱性地下水中的硝酸盐污染兼具很大的潜力（唐次来等，2010）。

第三节　PRB 技术发展前景

PRB 技术是一种备受关注的原位修复技术，具有巨大的工程应用潜力，在欧美已进行了大量的工程及实验研究，并实现了商业化应用，成为目前地下水修复技术最重要的发展方向之一（Vesela *et al.*，2006；Wilkin *et al.*，2002）。PRB 这一技术之所以成为当前国际上污染地下水修复的重要方法和研究的热点，主要是因为它拥有其他技术无法比拟的独特优势。我国在这项技术上的研究处于起步阶段，作为发展中国家，在经济实力并不富裕的情况下，进行地下水污染的治理，PRB 技术无疑是可行的方法。针对我国地下水污染态势，开展 PRB 技术在地下水修复中的应用基础研究，有助于 PRB 地下水修复技术在我国的迅速推广，为我国地下水污染治理提供技术支撑。可以预料，随着 PRB 技术的不断完善以及在我国的成功应用和推广，它必将给我国的地下水处理带来新的希望。本节在总结 PRB 技术优缺点的基础上，进一步分析 PRB 技术应用前景。

一、PRB 的优缺点

（一）优点

（1）不需要外源动力。该技术是一种无需外加动力的被动处理系统，不需要持续供应能量，避免了能量供给的限制。该处理系统的运转在地下进行，避免了抽出处理法的抽出处理过程及可能产生的二次污染，对地面生态环境干扰较小。

（2）不占用地面空间。与传统的地下水处理技术相比较，不占地面空间，比原来的抽出处理技术要经济、便捷。由于其在原地直接处理，减少了储存、运输及清理工作，可以极大地节省运行费用。不需要抽出及地面处理装置，安装完工后原场地工厂仍可正常投入生产。

（3）造价低廉性。PRB 技术造价低廉、维护简单，对于处理各种地下水污染具有良好的效果。

（4）可持续性。PRB 技术反应介质消耗很慢，有几年甚至几十年的处理能力，除了需长期监测外，几乎不需运行费用，能够长期有效运作，对生态环境影响较小。

（5）基于原位性。与异位修复技术相比，不破坏本体结构。

（6）修复填料可更换性。PRB 系统容许对反应介质进行更新，从而保证其长期有效的使用。可以根据场地的实际需求，更换 PRB 的填料，以达到更好的处理效果。反应填料选择灵活，处理组分的范围广。活性填料具有长效性，且填料可不定期再生或更新，从而保证污染物的高效降解。

（7）对污染物的去除具有普适性。可同步处理如重金属、有机物以及放射性物质等复合污染。

（二）缺点

（1）PRB 系统在长期实验过程中，由于易吸入细的土颗粒、介质填料的粒径过小、介质的截留沉淀、地下水组分的沉淀析出，以及一些微生物的过度繁殖造成堵塞，影响 PRB 的使用寿命。

（2）随着有毒金属、盐和生物活性物质在 PRB 中不断地沉积和积累，PRB 会逐渐失去其活性，超过其吸附过滤的容量，所以需要定期地更换反应介质。这些定期更换的反应介质，有必要作为有害废弃物加以处置，或采用一定的方式予以封存。

（3）PRB 不能保证把污染物完全按人们设想的要求予以拦截和捕捉。

（4）存在不确定性。难以确定反应介质在多长时间范围内对目标污染物的固定作用仍然有效，也很难确定哪些环境条件可能发生改变，导致被固定的污染物重新活化而进入环境。

（5）二次污染。在反应过程中可能产生毒性更强的代谢产物，双金属系统可能会造成镍、钯等次生污染。

二、PRB 应用前景分析

目前我国地下水污染治理形势不容乐观，有关地下水污染治理研究应用还处于起步阶段，以下几个方面研究和实践有待于更进一步加强。

（1）强化 PRB 长期运行的稳定性和有效性。

（2）强化水文地质调查。PRB 能否成功地达到项目特定的处理目标，主要依赖于化学处理和水力控制系统的成功、对项目场地的全面勘查和建立一个合理的现场概念模型。

（3）反应填料应易得有效、费用低廉、不产生二次污染。

（4）强化化学处理介质，以便在更广泛的天然水文地质和水化学条件下处理更多种类的污染物，增加这些填料的持久可用性。

（5）保证反应填料的有效使用，延长 PRB 系统使用寿命；PRB 体系发展仅 20 多年，实际案例相对较少，长期运行中的维修和运行存在的问题现阶段经验不足，并且服务期满后的 PRB 系统的处置也是亟待解决的难题。

（6）设计施工过程中要考虑地下水水流、地质环境、渗透性、人类活动等的影响。PRB 技术去除污染物的机理尚有一些未能明晰的方面。如地下水中的 pH、ORP、DO、硝酸根等因素的变化对 PRB 的影响还不完全明确，实际场地 PRB 的设计要根据污染情况因地制宜并进一步改进，复合污染的反应填料要综合选择，由污染最严重的物质确定反应填料的种类。

（7）PRB 去除地下水中污染物的针对性较强，即对某一类污染物的去除效果较好而对其他污染物的去除效果较差。但是，地下水中污染物不是单一的，所以在选取反应填料时要综合考虑，采用混合介质填料。而采用混合填料时要做一定的条件试验，确定最佳配比，提升综合处理效果，以确保 PRB 系统的有效性、经济性、长期性，并达到最佳的地下水污染修复效果。

（8）使 PRB 的发展趋于多元化、多级化，从而能够适应复杂的污染地下水处理。PRB 处理工艺的持续性需要大幅度改进和发展。在 PRB 的安装中会遇到许多问题，包括在使用板桩、喷注和垂直水力压裂等技术时，对土壤的压实影响。泥浆墙的材料进入反应填料中，生物泥浆墙中使用的生物泥浆降解缓慢等，这些都会影响 PRB 的水力性能。因此，有必要进一步研发设计和安装的新技术，以拓宽该技术的实际使用范围，降低建设费用。研发针对多种污染组分的多个反应器有效组合（包括不同类型、不同结构、不同反应填料等）。

（9）学科交叉。与地球化学监测技术、水文地质学、微生物学等学科相融合交叉，以便提供实时有效信息。

（10）对多组分、多相有机物共同作用的污染研究较少。实际的地下水污染通常是由多种组分共同造成的复合型污染。而目前研究对地下水复杂的行为了解不够，研究对象也比较单一，对多组分、多相污染物共同作用的研究较少。因此，还需进一步研究可同时高效去除多种并存污染组分的技术。

参 考 文 献

狄军贞, 朱志涛, 戴男男, 等. 2016. 铁屑耦合生物麦饭石的 PRB 系统修复含铬酸根与硝酸根地下水. 环境工程学报, 10（1）: 145-149.

杜连柱, 张兰英, 王立东, 等. 2007. PRB 技术对地下水中重金属离子的处理研究. 环境污染与防治, 29（8）: 578-582.

吕俊文, 熊正为, 杨勇. 2007. PRB 技术处理铀水冶尾矿酸性渗滤水的可行性研究. 怀化学院学报, 26（2）: 64-66.

隋红. 2013. 有机污染土壤和地下水修复. 北京: 科学出版社.

孙庆春, 崔康平, 许为义, 等. 2013. 重金属污染地下水修复的渗透反应墙技术. 安全与环境工程, 20（5）: 53-56.

唐次来, 张增强, 王珍. 2010. 基于 Fe^0 的 PRB 去除地下水中硝酸盐的模拟研究. 环境工程学报, （11）: 2429-2436.

杨维, 王立东, 杨军锋, 等. 2007. PRB 技术对 PCBs 及重金属污染地下水的试验研究. 环境保护科学, 33（2）: 15-18.

尹国勋, 王海邻, 贺玉晓, 等. 2007. 铁屑+粉煤灰处理地下水中 Cr^{6+}的试验研究. 辽宁工程技术大学学报, 26（5）: 780-782.

翟亚丽, 王兴润, 舒新前, 等. 2012. PRB 技术修复铬污染地下水的试验研究. 环境工程,（S2）: 54-58.

Ahmad F, Schnitker S P, Newell C J. 2007. Remediation of RDX-and HMX-contaminated groundwater using organic mulch permeable reactive barriers. Journal of Contaminant Hydrology, 90（1）: 1-20.

Alley W, Richard W, LaBaugh J, et al. 2002. Hydrology-flow and storage in groundwater systems. Science, 296: 1985-1990.

Arora M, Snape I, Stevens G W. 2011. The effect of temperature on toluene sorption by granular activated carbon and its use in permeable reactive barriers in cold regions. Cold Regions Science and Technology, 66（1）: 12-16.

Baker M J, Blowes D W, Ptacek C J. 1998. Laboratory development of permeable reactive mixtures for the removal of phosphorus from onsite wastewater disposal systems. Environmental Science and Technology, 32（15）: 2308-2316.

Bianchi-Mosquera G C, Allen-King R M, Mackay D M. 1994. Enhanced degradation of dissolved benzene and toluene using a solid oxygen-releasing compound. Ground-Water Monitoring and Remediation, 14（1）: 120-128.

Conca J L, Wright J. 2006. An apatite II permeable reactive barrier to remediate groundwater containing Zn, Pb and Cd. Applied Geochemistry, 21（12）: 2187-2200.

Gibert O, Pomierny S, Rowe I, et al. 2008. Selection of organic substrates as potential reactive materials for use in a denitrification permeable reactive barrier （PRB）. Bioresource Technology, 99（16）: 7587-7596.

Gillham R W, Ohannesin S F. 1994. Enhanced degradation of halogenated aliphatics by zero-valent iron. Ground Water, 32（6）: 958-967.

Grittini C, Malcomson M, Fernando Q, et al. 1995. Rapid dechlorination of polychlorinated-biphenyls on the surface of a Pd/Fe bimetallic system. Environmental Science and Technology, 29（11）: 2898-2900.

Groudev S, Spasova I, Nicolova M, et al. 2007. Acid mine drainage cleanup in a uranium deposit by means of a passive treatment system. Physicochemical Problems of Mineral Processing, 41: 265-274.

Gu B, Watson D B, Wu L, et al. 2002. Microbiological characteristics in a zero-valent iron reactive barrier. Environmental Monitoring and Assessment, 77（3）: 293-309.

Guerin T F, Horner S, Mcgovern T, et al. 2002. An application of permeable reactive barrier technology to petroleum hydrocarbon contaminated groundwater. Water Research, 36（1）: 15-24.

Hosseini S M, Ataie-Ashtiani B, Kholghi M. 2011. Nitrate reduction by nano-Fe/Cu particles in packed column. Desalination, 276（1-3）: 214-221.

Li S, Huang G, Kong X, et al. 2014. Ammonium removal from groundwater using a zeolite permeable reactive barrier: a pilot-scale demonstration. Water Science and Technology, 70（9）: 1540-1547.

Li Z H, Jones H R, Bowman R S, et al. 1999. Enhanced reduction of chromate and PCE by palletized surfactant-modified zeolite/zerovalent iron. Environmental Science and Technology, 33（23）: 4326-4330.

Liu S J, Jiang B, Huang G Q, et al. 2006. Laboratory column study for remediation of MTBE-contaminated groundwater using a biological two-layer permeable barrier. Water Research, 40（18）: 3401-3408.

Mallants D, Diels L, Bastiaens L, et al. 2002. Removal of uranium and arsenic from groundwater using six different reactive materials: assessment of removal efficiency. Springer Berlin Heidelberg.

Moon H S, Ahn K H, Lee S, et al. 2004. Use of autotrophic sulfur-oxidizers to remove nitrate from bank filtrate in a permeable reactive barrier system. Environmental Pollution, 129（3）: 499-507.

Morrison S J, Metzler D R, Dwyer B P. 2002. Removal of As, Mn, Mo, Se, U, V and Zn from groundwater by zero-valent iron in a passive treatment cell: reaction progress modeling. Journal of Contaminant Hydrology, 56（1-2）: 99-116.

Muftikian R, Fernando Q, Korte N. 1995. A method for the rapid dechlorination of low molecular weight chlorinated hydrocarbons in water. Water Research, 29（10）: 2434-2439.

Obiri-Nyarko F, Grajales-Mesa S J, Malina G. 2014. An overview of permeable reactive barriers for in situ sustainable groundwater remediation. Chemosphere, 111: 243-259.

Petersen M A, Sale T C, Reardon K F. 2007. Electrolytic trichloroethene degradation using mixed metal oxide coated titanium mesh electrodes. Chemosphere, 67（8）: 1573-1581.

Phillips D H, Van N T, Bastiaens L, et al. 2010. Ten year performance evaluation of a field-scale zero-valent iron permeable reactive barrier installed to remediate trichloroethene contaminated groundwater. Environmental Science and Technology, 44（10）: 3861-3869.

Phillips D H. 2009. Permeable reactive barriers: A sustainable technology for cleaning contaminated groundwater in developing countries. Desalination, 248（1-3）: 352-359.

Powell R M, Puls R W, Blowes D W, et al. 1998. Permeable Reactive Barrier Technologies for Contaminant Remediation. USEPA.

Puls R W, Blowes D W, Gillham R W. 1999. Long-term performance monitoring for a permeable reactive barrier at the US Coast Guard Support Center, Elizabeth City, North Carolina. Journal of Hazardous Materials, 68（1-2）: 109-124.

Robertson W D, Cherry J A. 1997. Long-term performance of the Waterloo denitrification barrier. Land Contamination and Reclamation, 5（3）: 183-188.

Robertson W D, Cherry J A. 1995. In-situ denitrification of septic-system nitrate using reactive porous-media barriers - field trials. Ground Water, 33（1）: 99-111.

Rocca C D, Belgiorno V, Meric S. 2007. Heterotrophic Autotrophic Denitrification （HAD）of drinking water: prospective use for permeable reactive barrier. Desalination, 210（1）: 194-204.

Roehl K E. 2005. Long-term Performance of Permeable Reactive Barriers. Elsevier.

Tiehm A, Müeller A, Alt S, et al. 2008. Development of a groundwater biobarrier for the removal of polycyclic aromatic hydrocarbons, BTEX, and heterocyclic hydrocarbons. Water Science and Technology, 58（7）: 1349-1355.

Tiehm A, Muller A, Jacob H, et al. 2008. Pilot Test and Field Construction of a Funnel-and-Gate Biobarrier at an abandoned Tar Factory Site [C]//Gasworks Europe, Proceedings of Manufactured Gas Plants （MGP） Conference: 4-6.

Turner M, Dave N M, Modena T, et al. 2005. Permeable reactive barriers: lessons learned/new directions.

Interstate Technology and Regulatory Council.

Vesela L, Nemecek J, Siglova M, et al. 2006. The biofiltration permeable reactive barrier: practical experience from Synthesia. International Biodeterioration and Biodegradation, 58（3-4）: 224-230.

Vogan J L, Focht R M, Clark D K, et al. 1999. Performance evaluation of a permeable reactive barrier for remediation of dissolved chlorinated solvents in groundwater. Journal of Hazardous Materials, 68（1-2）: 97-108.

Weisener C G, Sale K S, Smyth D J A, et al. 2005. Field column study using zerovalent iron for mercury removal from contaminated groundwater. Environmental Science and Technology, 39（16）: 6306-6312.

Wilkin R T, Puls R W, Sewell G W. 2002. Long-term performance of permeable reactive barriers using zero-valent iron: an evaluation at two sites. DTIC Document.

Woinarski A Z, Snape I, Stevens G W, et al. 2003. The effects of cold temperature on copper ion exchange by natural zeolite for use in a permeable reactive barrier in Antarctica. Cold Regions Science and Technology, 37（2）: 159-168.

Xin B P, Wu C H, Wu C H, et al. 2013. Bioaugmented remediation of high concentration BTEX-contaminated groundwater by permeable reactive barrier with immobilized bead. Journal of Hazardous Materials, 244-245（2）: 765-772.

Xu Y P, Schwartz F W. 1994. Lead immobilization by hydroxyapatite in aqueous-solutions. Journal of Contaminant Hydrology, 15（3）: 187-206.

第二章 PRB 典型结构

PRB 技术通常作为一种污染源的原位修复技术，根据特定的场地条件选择合适结构的 PRB 类型。典型的 PRB 结构包括连续反应带系统、漏斗-导门式反应系统以及注入式反应系统三类。对于复杂场地，还可采取多种结构串联或是并联的形式。本章将针对三种典型 PRB 结构，分别介绍它们的特点、适用条件以及目前的应用情况等。

第一节 PRB 结构概述

PRB 通常设置于地下水污染羽的下游，并垂直于地下水流向。当污染羽流经 PRB 时，污染物将与其中的活性修复填料反应，被吸附固定或是降解为无毒害小分子化合物，使得透过 PRB 的地下水得到净化。因此，PRB 的结构类型是影响地下水污染修复效果优劣的重要因素之一，其结构选择和设计需要考虑以下几个关键方面：一是 PRB 须能嵌入隔水层或弱透水层中，防止地下水从反应墙底部通过，确保能完全捕获地下水污染羽；二是确保地下水在通过 PRB 墙体时有足够的水力停留时间，使得活性反应填料与污染物充分发生反应；三是保证 PRB 系统具有较好的透水能力，防止反应墙体发生堵塞，增强 PRB 的使用寿命。

以最简单的 PRB 结构形式为例，主要由透水的活性反应介质带状区域组成，称“连续反应带式 PRB 系统”。稍复杂一些的结构除了活性反应区域，还包含低渗透性的膨润土阻隔墙，利用阻隔墙控制和引导地下水流通过活性反应介质，称“漏斗-导门式 PRB 反应系统”。另一种较为新颖的 PRB 结构是由连续反应带式结构衍生而来的“注入式 PRB 系统”，它利用若干注射井注入活性反应介质，形成带状的反应区域，来模拟 PRB 系统。

不同结构类型的 PRB 具有不同的优缺点和适用条件（表 2-1），应根据实际场地情况作出科学的选择与设计，尽可能综合考虑技术实现性、经济效益及现有施工条件等客观因素，其中最关键的一步是场地水文地质特征。例如，注入式 PRB 比较合适于处理较深承压层的污染地下水，而对于浅层潜水可采用的 PRB 结构形式选择则多种多样。另外经济成本也是不可忽视的重要问题，连续式 PRB 虽然结构简单、易设计施工，但其较高的工程成本限制了更好的现场应用；而漏斗-导门式 PRB 所需反应填料少且工程费用低，适用于潜水埋藏浅的大型地下水污染羽状体，其缺点是会对地下水流场造成严重的干扰。

表 2-1　三种不同 PRB 结构类型的优缺点及适用条件

PRB 结构类型	优点	缺点	适用条件
连续反应带式 PRB	结构简单，设计安装方便； 对天然地下水流场的干扰较小； 对流场的复杂性敏感程度低	相对漏斗-导水门式 PRB 费用较高； 活性填料体积很难确定	污染地下水埋藏较浅、污染羽规模较小的场地
漏斗-导门式 PRB	处理单元的反应填料填充量少； 墙体材料被微生物沉淀、堵塞时易清除和更换； 常用作多单元 PRB 处理系统	对天然地下水流场产生较大干扰	污染地下水埋藏较浅、污染羽规模大的场地
注入式 PRB	结构简单； 降低 PRB 开挖成本，提高工程技术的可操作性	对地下水流场的敏感程度高； 修复填料影响半径有限； 修复填料不易替换	污染地下水埋藏较深、含水层渗透性较好的场地

针对污染场地的实际情况还可采用串联型、并联型等多种新型导水门式反应墙。对于单一的 PRB 处理系统，其对污染地下水的处理能力有限，仅适用于污染羽范围小、污染物浓度较低的情况。对于污染组分比较复杂的场地，可采用串联系统，形成较宽的多级反应墙体，将若干个 PRB 处理单元串联在一起，分别装填不同的修复填料，以达到同时去除多种污染物的目的。对于污染羽范围较大、污染组分相对单一的场地，可采用并联系统，形成较长的反应墙体，常用的有多漏斗-多导门结构。

第二节　连续反应带系统

连续反应带是一种最常见的 PRB 结构类型，由一系列包含修复填料的反应区间组成，图 2-1（a）、（b）分别为其剖面和平面示意图。当污染羽垂直通过 PRB 时，与 PRB 墙体内填充的活性填料充分接触和反应，从而达到去除地下水中污染物的目的。理想情况下，连续反应带的建立是挖掘一定规模和深度的沟槽，并在沟槽中回填粒状铁或其他活性填料。反应带厚度必须能有效修复所关注的污染物，使污染物浓度降低至目标浓度；而在长度和深度上，则能分别有效截留污染羽的横向和纵向截面。

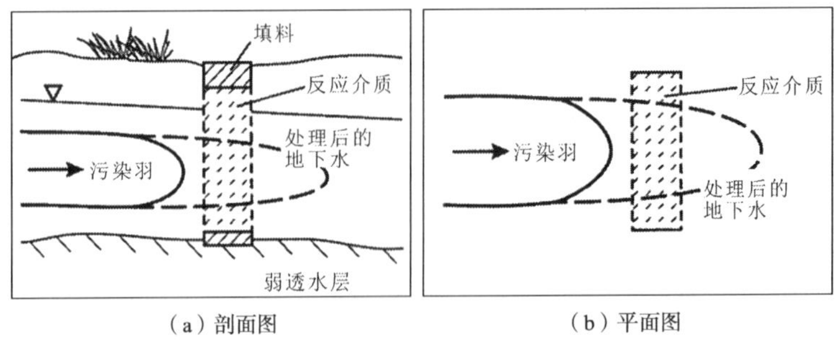

（a）剖面图　　（b）平面图

图 2-1　连续反应带 PRB 系统剖面和平面示意图（Gavaskar *et al.*，2000）

污染地下水在天然水力梯度和水流状态下流经反应墙体，流速类似于在普通含水层中的流速。应当注意的是，含水层的渗透系数要低于活性反应带的渗透系数，确保污染羽能通过反应带，避免发生地下水污染羽的回流。另外，相对于漏斗-导门式 PRB，连续反应带式 PRB 的上、下游含水层与反应墙体的接触面积应大致相同，从而减少天然地下水流动对当前反应格栅的破坏。

由于存在水流直接入侵和沟槽壁倒塌等潜在问题，所以在含水层开挖和填充沟槽方面还有一些技术上的困难。这就要求移除含水层介质与安装活性反应介质同时进行，往往需要在地下水层中布设板桩墙等构筑物作为支撑，或是在沟槽中填充诸如瓜儿胶等可生物降解的浆料。1996 年 6 月，在北卡罗来纳州伊丽莎白市附近的美国海岸警卫队空中支援中心安装了一条 45.72 m（150 ft）长，0.61 m（2 ft）宽，7.32 m（24ft）深的连续沟槽式 PRB，以拦截铬酸盐和 TCE 的混合污染羽，取得了小规模现场试验的成功（Puls *et al.*，1999）。这标志着首次使用连续沟槽技术成功建造了一个铁基材料 PRB。

连续反应带式 PRB 具有结构简单，设计安装方便，对天然地下水流场干扰小的特点，适用于处理地下水埋深较浅、污染羽规模有限的场地。如果污染区域较大或是地下水水位较深，设计连续墙的造价也随之增加。另外，难以确定该类型 PRB 在建造期间实际装填的反应填料的体积。

第三节 漏斗-导门式反应系统

漏斗-导门式反应系统［图 2-2（a）］包括不透水区域（漏斗墙）、透水区域（导水门）和反应介质填料单元。其中，漏斗墙可以改变地下水流场分布，形成对污染羽的有效截获区域，迫使污染羽流向透水区域，经过反应区间，达到降解污染物的目的。当场地中地下水流速较快，污染羽较宽时，可以考虑应用漏斗墙-多重反应门系统［图 2-2（b）］，可采用沉箱式导水门结构，更好地控制污染物在反应区域的停留时间，尤其是当反应门的尺寸受限于设置方法时，可以考虑这种形式的 PRB。

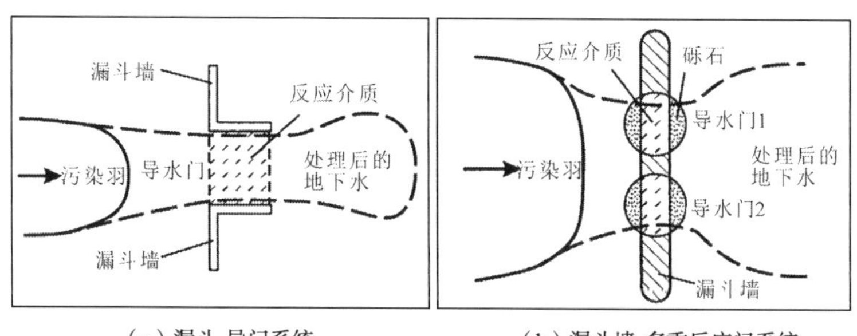

（a）漏斗-导门系统 （b）漏斗墙-多重反应门系统

图 2-2 漏斗-导门式反应系统平面示意图（Gavaskar *et al.*，2000）

漏斗墙通常由板桩、膨润土墙或其他类似的材料组成，嵌入到黏土或基岩隔水层中，以阻止污染物从含水层下方通过，包围和引导地下水污染羽流向填充有活性反应填料的可渗透区导水门，避免污染羽绕流。漏斗墙的形状及设置角度可以根据场地的水力边界条件和工程实施可操作性的具体情况做出调整，有学者利用地下水模型研究发现漏斗墙的设置角度与导水门呈垂直角度时，对捕捉污染羽最有利，但是也有其他形式的漏斗墙已经在实际工程中显示出可行性。

最常见的导水门为矩形，也可根据建造和安装技术来控制，包括回填沉箱式、圆柱状反应容器等。典型矩形或箱式导水门的建造包括挖掘和安装临时板桩、搭建填充有活性材料的可移动式地下反应容器等形式。板桩用来划定活性反应介质导水门的两端和边界范围，然后在该范围内部进行疏干，并挖掘出活性反应填料的填充空间。这种建造方法还允许增加其他的功能单元，如另外的处理区或监测区。

导水门内活性反应填料的渗透率必须等于或大于含水层的渗透率以减少地下水流动阻力。由于较大横截面积的污染羽要通过横截面积小得多的导水门，因此导水门中的地下水流速远高于天然水力梯度下的流速。同时，必须确保导水门内活性反应填料与地下水中污染物有足够的接触时间或停留时间。整个 PRB 系统的长度取决于处理导水门的数量、位置和大小，并应结合地下水流动数值模型确定。另外，在设计和建造隔水漏斗墙和可渗透导水门连接部分时需要特别注意，避免污染地下水绕流通过。

较之连续反应带式结构，漏斗-导门式结构能够更好地控制污染羽，有助于反应区间捕获污染物，提高修复效果。如果场地中污染物的分布存在很强的不均匀性，漏斗-导门系统还能够更好地将通过反应区间的污染物浓度均一化。但其对天然地下水流场会产生较大干扰，可能使得地下水在漏斗–导门式 PRB 周围的流向产生改变。虽然导水门的透水率远大于含水层，但在 PRB 系统下游，导水门与含水层相连，其透水率立即减小到初始含水层的数值。由于通过 PRB 系统的流量通量为漏斗区截留的污水量，而反应区下游导水门和含水层的界面处横截面积小于上游漏斗门处，所以会在整个 PRB 系统上下游出现显著的水头差。因此，如果场地地下水流向具有极强的不均匀性，漏斗-导门系统可以考虑建在含水层渗透性较强的区域。

基于特定场地多种污染物组合（重金属和有机污染物等）的形式，漏斗-导门式 PRB 系统较连续反应带式 PRB 更适合，因为漏斗导门式反应系统提供了一个相对密集型的处理区域，能更大程度上捕获污染羽。同时，密集的处理区域也为系统性能监测提供了便利。如果在 PRB 系统使用过程中需要更换或定期填充反应材料，那么这种构型具有特殊的优势。但是，仍需要研究如何把不同的反应填料整合到地下处理单元中，使它们不致互相干扰和牵制。

活性反应填料的用量与待处理污染物的质量流量成比例。若要构建一个填充相同质量活性反应材料的 PRB 系统，尽管在理论上漏斗-导门式 PRB 系统和连续反应带式 PRB 系统均需要挖掘和处置相同的土方量，而在现场实际施工中，采用目前商业化的挖掘安装技术布设连续反应带式 PRB 可能需要更多的活性填料，尤其是当污染羽非常宽时需要布设一个相当长的装置。连续反应带式 PRB 消耗更多活性填料的原因是在较长的反应带中，需要确定整个带状区域是否存在反应惰性间隙，因此在特定的位置（如地下水污染羽高浓度区）可能存在某些厚度限制，以确保整个反应系统的完整性。而漏斗-导门式反应系统通过上游漏斗的集水作用，在一定程度上将污染羽浓度均匀化，有效避免了这一限制，节省了反应材料和建造费用。

第四节　注入式反应系统

当污染羽位于场地较深的含水层中时，若采用连续反应带式或漏斗-导水门式等需要开挖的 PRB 可能投入的成本较高，且工程技术的可操作性受到限制，因此可以采用通过地下水井直接注射修复药剂的形式，即注入式 PRB（图 2-3）。注入式 PRB 的各口反应井的处理区相互重叠，把修复药剂通过井孔注入含水层中，使得注入材料进入地下水或包裹在含水层固体颗粒表面，形成处理带，地下水中的污染羽随着水力梯度流入反应区，从而将污染组分去除。

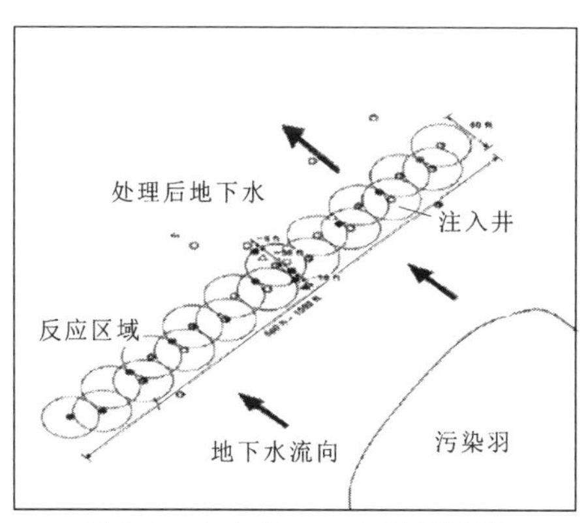

图 2-3　注入式 PRB 结构示意图

目前已有一些成功采用注入式 PRB 技术修复地下水污染的案例，例如 Johnson 等考查了注入式 PRB 在中试场地的运行情况，在注射井和抽提井之间安装压力监测井（图 2-4），来监测高压注入 nZVI 对含水层水力性能的影响，同时监测 nZVI 的迁移能力（Johnson *et al.*，2010）。Lee 等（1998）在华盛顿汉福特地区建立了 5 口注入井，利用原位氧化还原的原理将活性填料注入顺梯度的污染源区，重金属与还原剂发生氧化还原反应，从而使重金属在注入井的影响半径范围内被固化。

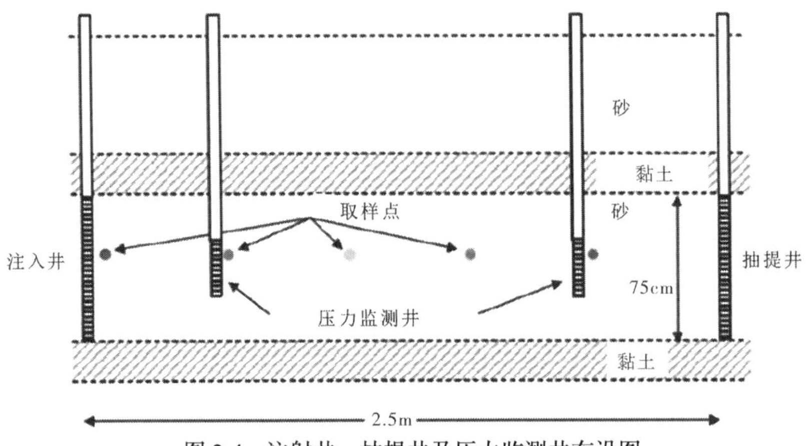

图 2-4　注射井、抽提井及压力监测井布设图

注入式 PRB 的结构形式简单，成本相对较低。但是该类型 PRB 对场地渗透性有较高要求，不适用于低渗透性的含水层。由于活性反应介质在含水层多孔介质中还可能发生团聚、吸附和堵塞，因此修复填料的影响半径有限，且无法像连续反应带式和漏斗-导门式 PRB 系统一样更换反应填料，给系统的维护和寿命造成了一定影响。

参 考 文 献

Gavaskar A, Gupta N, Sass B, et al. 2000. Design guidance for application of permeable reactive barriers for groundwater remediation. Battelle, Columbus, OH.

Johnson R L, Nurmi J T, O'Brien Johnson R, et al. 2010. Injection of nano zero-valent iron for subsurface remediation: A controlled field-scale test of transport.

Lee D R, Smith D J, Shikaze S G, et al. 1998. Wall-and-curtain for passive collection/treatment of contaminant plumes. In International Conference on Remediation of Chlorinated Recalcitrant Compounds : Monterey, California, May: 18-21.

Puls R W, Blowes D W, Gillham R W. 1999. Long-term performance monitoring for a permeable reactive barrier at the US Coast Guard Support Center, Elizabeth City, North Carolina. Journal of Hazardous Materials, 68（1-2）: 109.

第三章　PRB 技术修复填料及修复机理

不同活性填料的 PRB 可以分别有效去除受污染地下水中的重金属（Ludwig *et al.*，2009）、有机物（Vogan *et al.*，1999）、放射性核素（Barton *et al.*，2004）和无机离子（Su *et al.*，2004）等，其对不同污染物的去除机理也存在差异。有机污染物常常包含碳、氢、卤素和氧元素，也可能有硫、磷和氮等元素，PRB 去除有机污染物时可以将其分解为无害的物质，如二氧化碳或水。大部分无机污染物不能被破坏，只是物相的转化，因此去除策略是将无机物转化为无毒、无生物可利用性、稳定或是其他可以在地下水中去除的形式。这些无机物的共同点是它们能够通过氧化还原反应和碳酸盐、硫酸盐或氢氧化物形成固体沉淀。在 PRB 设计安装过程中，需针对污染物类型及场地特征选取适合的活性填料，以保证目标污染物被高效去除。

本章探讨了 PRB 填料的选取原则，系统介绍了几种目前广泛使用的典型 PRB 修复填料及相应的修复机理，特别针对最常用的铁基活性填料的应用展开了全面的调研。

第一节　PRB 技术修复填料选择原则

PRB 技术的关键在于墙体中活性反应介质材料的选择。针对不同场地的水文地质条件和地下水中污染组分的种类、浓度和范围，综合考虑活性反应介质的理化性质、可获取性和成本等因素，选择合适的反应介质。

为确保 PRB 系统的有效性，选择的反应介质应具有较高的吸附能力、较强的稳定性、较好的耐腐蚀性、活性保持时间长、良好的环境兼容性、不产生二次污染、价廉易得、施工方便等特点。此外，为保证反应墙的安置不扰乱当地的水文地质情况，活性介质填料的渗透系数应至少是含水层渗透系数的两倍以上。如果反应墙中选用的填充材料不当，PRB 运行过程中就会出现反应填料失活、墙体阻塞等问题，从而减少 PRB 的使用寿命，使 PRB 失效。综合以上因素，反应区的填料选定需要考虑以下几个方面：

（1）反应活性。填料应具备一定的反应活性，能和地下水中的污染物发生物理、化学或生物反应，且与污染组分反应速率较快，确保污染物全部被清除。即在可接受的地下水停留时间内，活性反应介质能保证对污染物有较强降解能力。一般来说，某种活性反应介质针对目标污染物的反应速率常数越大，或是污染物降解半衰期越短，这种填料反应活性越强。

（2）水力传导性。为了使填充材料的水力传导能力符合污染场地的水文地质条件，要选取适当的粒径。所选反应填料的粒径应该使得 PRB 具有水力截获污染羽的能力，同时又不会影响污染场地的水文地质条件，保证反应区具备合理的孔隙和水力传导系数。反应填料的粒径越大，水力传导能力越强，污染羽越容易通过，污染物在 PRB 中的反应时间缩短，增加了处理成本。反之，填充材料粒径越小，地下水流的水力停留时间则越长，并且粒径小的颗粒比表面积越大，反应活性相对较高。因此，需要在水力传导性和反应活性之间做好权衡。一般来说，为保证 PRB 在后续的运行过程中不会发生堵塞现象，且较小程度地影响当地的水文地质条件，整个 PRB 填充材料的渗透系数一般为污染场地含水层渗透系数的两倍以上，甚至更多。

（3）稳定性。填充材料在地下水水力、矿化等作用下保持稳定，自身不会发生降解或降解速率较低，具备较强抗腐蚀性。即在特定的水文地质条件下，反应介质要在一定的时间范围内维持反应速率和渗透能力。PRB 运行过程中，反应活性单元中沉淀的生成对活性填料的稳定性有显著影响。地下水碱度是控制沉淀形成的一个重要指标，起到了缓冲溶液的作用，因此，可以添加具有一定缓冲能力的活性反应介质，调控反应区地下水的碱度，减少沉淀生成，从而长期维持反应区的孔隙度与水力传导系数。目前很少有运行足够长时间的场地试验或中试的 PRB 来直接评价活性填料的稳定性，但不可否认的是，掌握活性填料的反应机理和稳定性能帮助工程人员了解 PRB 的长期运行能力。

（4）环境可承载性。PRB 活性填料在处理污染物的过程中不应产生二次污染，即污染羽流经 PRB 与活性填充材料发生反应时，活性反应介质本身以及其与污染地下水相互作用时无有毒有害的副反应产物生成，不会导致有害副产物进入下游地下水。例如，在铁降解 TCE 期间，可能产生少量潜在有毒的副产物（例如氯乙烯）。然而，当污染羽流经活性介质反应单元时具有足够的停留时间，这些有毒副产物本身又会继续降解，产生无毒化合物。

（5）可获取性及成本。反应填料宜常见且较易大量获取，价格低廉，以实现 PRB 的经济性。相比于成本较高的活性填料，低成本的填料更具备优势，尤其是当两者处理污染物的能力差异不大时。

（6）建造方式多样性。一些新型的 PRB 建设方式，比如高压注入等，需要较细颗粒的填料，以促进活性反应填料在含水层中的迁移，达到较大的反应影响半径，活性反应填料的粒度应尽量均匀。

以上这些要求可根据场地的实际情况，综合考虑和权衡各个方面的因素，确定最适合特定场地的填料。

第二节　PRB 典型填料及修复机理

反应填料的筛选是决定 PRB 修复效果是否良好的关键环节，除了第三章第一节中提到的选择原则之外，污染物类型也是决定反应填料的因素。根据污染物种类不同，通常反应填料对其去除机理分为降解、沉淀和吸附三类，进一步细分为还原去除有机物、氧化去除有机物、生物降解去除有机物、吸附去除有机物或无机物、还原/沉淀去除重金属等。

综合上述性质，常见的经济、适用的活性材料，且目前已投入实际场地应用的有：零价铁填料、铁的氧化物和氢氧化物、有机填料（活性炭、树叶、泥煤、稻草、黑麦籽、堆肥、泥炭和砂的混合物、煤炭、污泥和锯屑等）、碱性络合剂［含消石灰、硫酸（亚）铁］、磷酸矿物（羟基磷灰石、鱼骨等生物磷灰石）、硅酸盐、沸石、黏土、离子交换树脂、微生物、高分子聚合物等。美国环保局根据目标物质和去除机理对 PRB 填料进行了详细分类（表 3-1）。本节将介绍铁基填料、矿物填料和其他典型 PRB 活性反应填料，讨论材料特性及其修复机理，并简单回顾不同反应填料在实际工程或是室内研究中的应用情况。

表 3-1　基于目标物质和去除机理的 PRB 活性填料（Powell *et al.*，1998）

目标物质	去除机理	活性填料
无机物	吸附或取代	活性炭、活性氧化铝、铝土矿、交换树脂、铁氧化物/氢氧化物、磁铁矿、泥煤、腐殖酸盐、褐煤、磷酸盐、二氧化钛、沸石
	沉淀	生物、连二亚硫酸盐、氢氧化（亚）铁、碳酸（亚）铁、硫化（亚）铁、硫化氢气体、石灰、粉煤灰、石灰石、零价铁、氢氧化镁、碳酸镁、氯化钙、硫酸钙、氯化钡
	降解	微生物、ZVI
有机物	降解	释氧化合物、超级细菌、ZVI
	吸附	沸石、活性炭、黏土

一、铁基填料及修复机理

铁基填料 PRB 是目前应用最为广泛的一种，资料显示，全世界已有 120 例铁基 PRB，美国就有 90 多个铁基 PRB 的成功应用案例（Turner *et al.*，2005）。在 PRB 的工程应用中，ZVI 成为参与反应的活性填料中最常见的一种，本节着重探讨 ZVI 的基本性质及其在 PRB 技术中的应用。ZVI 在 PRB 技术发展初始阶段就应用于一些田间试验，而因技术限制，研究者们发现 ZVI 作为活性填料应用于实际场地时，稳定的 ZVI 原料来源则为一重大难题。近年来，随着技术的发展，已有多数商品供应商能提供大量的 ZVI。ZVI 是一种还原性较强的还原剂，与有机污染物和无机污染物的反应性强，可以降解有机污染物、无机重金属、无机阴离子等。同时，零价铁价格较低且易于获得，可以不同的形式应用，如粉末颗粒状（铁屑，颗粒铁等）、胶状、网状等。

零价铁原料易获得，能降解和吸附多种重金属以及有机物质，因而得到广泛应用。还原性极强的零价铁提供电子，与地下水中的金属离子以及有机物发生氧化还原反应，使其被还原降解，金属离子以单质、其他不可溶的物质析出，有机污染物降解形成无毒或低毒产物。在实际研究中，将各种反应填料按一定比例混合，对污染物的去除效果更好。

（一）零价铁的性质和种类

ZVI 作为活性填料应用于 PRB 技术时，应保证有较高的铁含量（>90%）和较低的碳含量（<3%），且没有毒性、可渗滤的微量金属元素。另外，ZVI 表面不能含有抑制其活性的包裹物质。ZVI 应用于 PRB 技术中时，其材料主要来源于两个方面。一方面来源于最常见的汽车零部件制造业的废铁回收，然后加工研磨至特定尺寸；另一方面来源于熔铁，利用水力压裂技术将铁研磨至特定尺寸。

ZVI 与污染物的反应发生在铁/水界面，所以其表面积是制约修复性能的一大重要因素。在一个单位质量上，反应速率会随着 ZVI 表面积的增大而加快。当用挖掘技术安装 ZVI 时，其颗粒大小需要控制在 0.25~2.0 mm，此大小的颗粒渗透系数可以达到 5×10^{-2} cm/s。1.0 mm 或更小颗粒（微米级）的 ZVI 在 PRB 安装时则需要用基于注射技术的注入方式。20 世纪 90 年代，首次在场地环境修复中应用纳米级的颗粒，其中，纳米零价铁因具有高反应活性，被首先应用到实际工程中。现场实验发现，纳米零价铁可以在短时间内降低挥发性有机物的浓度，但是该材料使用寿命较短，反应一段时间后便失去反应活性。表 3-2 总结了关于铁基材料在室内模拟 PRB 修复有机污染物的相关资料。

传统铁基型 PRB 技术主要以 ZVI 作为 PRB 反应介质，通过 ZVI 与污染物之间的还原反应实现污染物的去除。根据 Ritter 等（2003）的双层模型理论，ZVI 表面通常存在一层厚约 2.25 μm 且成分不稳定的氧化层/钝化层，由内外 2 层构成，内层为磁铁矿（Fe_3O_4），外层为更高价态铁氧化物（赤铁矿/Fe_2O_3 和磁赤铁矿/γ-Fe_2O_3）。当 ZVI 与水接触后，外层的钝化膜首先被自动还原，形成 Fe^{2+}或转化为磁铁矿。磁铁矿是导体，可以允许电子通过；但是，赤铁矿和磁赤铁矿一般被认为是半导体或者绝缘体，不允许电子通过。传统铁基型 PRB 中，主要是通过 ZVI 的还原以及 PRB 内的沉淀、吸附、络合以及共沉淀等作用实现污染物的去除（Obiri-Nyarko *et al.*，2014），但 Noubactep 认为零价铁 PRB 主要的去除机理是共

表 3-2 铁基材料渗透性反应屏障修复有机污染物

序号	填料	污染物	试验类型	试验条件及描述	结论	参考文献
1	ZVI	CCl_4、六氯乙烷（HCE）、PCE	批实验	100 目的铁粉取 10 g 加入到 40 mL 零顶空取样器中，振荡速率 2 r/min；CCl_4、HCE、PCE 浓度分别为 1630、3620、2250 μg/L	降解 50% CCl_4、HCE、PCE 的时间分别为 20 min、13 min、1100 min；CCl_4 的唯一分解产物氯仿大量积累	Gillham R W *et al.*，1992
2	Fe，Zn，Cu，Al，黄铜，不锈钢	氯代烃类	批实验 柱实验	批实验：分别将 10 g Fe、Zn、Cu、Al、黄铜、不锈钢加入到 40 mL 反应容器中，与三氯乙烷（TCA）发生反应； 柱实验选取的反应填料与批实验相同	批实验：Zn 和 Fe 对 TCA 的一阶降解速率快，降解 50%TCA 需要的时间大约 100 min，Al 次之，不锈钢、Cu 和黄铜对其的降解速率最低；氯取代基数量越多，降解速率越快：六氯乙烷（HCA）降解 50%的反应速率为 0.22 h，而二氯乙烯（DCE）仅为 432 h；同时，溶液中 Fe 的浓度也有重要影响； 柱实验：TCE、PCE 降解 50%的时间约为 15 h	Gillham R W *et al.*，1993
3	ZVI	氯代烃类	批实验 柱实验	在 40 mL 反应容器中加入 100 目的铁粉 10 g、石英砂以及 40 mg/L $CaCO_3$	14 种氯代烃中只有二氯甲烷未降解；柱实验中的降解速率与批实验一致，且与实验柱中的液体流速无关。单位比表面积溶液中，氯代烃降解 50%的时间为 0.013~20 h，是天然生物降解速率的 5~15 倍	Gillham R W *et al.*，1994
4	ZVI	硝基苯	批实验	选用粒状铁还原硝基苯中的硝基	溶液中的硝基苯在若干小时后消失，产生亚硝基苯，再经过颗粒表面苯胺还原；反应过程中产生溶解态的 Fe^{2+} 和 H^+	Agrawal A *et al.*，1994
5	ZVI	CCl_4	柱实验	采用直径 15 cm，长 90 cm 的有机玻璃柱，从 40 cm 处开始到 85 cm，每间隔 2.5 cm 设计一个取样孔；装填铁粉的区域模拟可渗透反应墙，其余部分装填石英砂	背景溶液中 1.6 mmol/L 的 CCl_4 在反应填料区第一个取样孔处即完全降解；降解半衰期为 0.25 h，降解速率 2.5 cm/h；中间产物 $CHCl_3$ 的降解速率较慢，但随着流速增大 5 倍，降解速率也提高了 2 倍	Johnson T L *et al.*，1994
6	ZVI	硝基苯和碳酸盐	批实验	硝基苯、厌氧碳酸氢盐缓冲剂作为氧化物，H_2CO_3 和 HCO_3^- 吸附在零价铁表面使其溶解，随溶液中碳酸盐沉淀，腐蚀速率降低	随着碳酸盐的增加和金属在其缓冲液中暴露时间的增强，Fe 的活性降低；当使用碳酸氢盐但不暴露于去离子水中时，观察到金属表面形成 $FeCO_3$ 聚集体	Agrawal A *et al.*，1995

续表

序号	填料	污染物	试验类型	试验条件及描述	结论	参考文献
7	ZVI	TCE、DCE、VC、二氯甲烷	批实验 柱实验	采用活性高、成本高的粗铁屑与美国能源部皮内拉斯县的实际场地地下水进行反应	批实验研究发现对于场地地下水中的污染物，TCE、DCE、VC 去除速率快，二氯甲烷去除慢。柱实验结论表明，TCE 降解 50%需要的时间为 36~103 min，DCE 降解 50%需要的时间为 150~200 min；实验过程中铁粉反应易造成实验柱堵塞	Baghel S *et al.*，1995
8	铁屑和黄铁矿	TCE、PCE	批实验	采用 15 mL 玻璃瓶在厌氧条件下加入 5 g 预处理后的铁屑和 0.1 g 黄铁矿（缓冲剂），设计两组对照	结果表明，TCE 反应级数为 2.7，PCE 反应级数 1.3；非线性吸附过程能够很好拟合广义 Langmuir 等温线	Burris D R *et al.*，1995
9	ZVI	PCE	批实验	采用 15 mL 玻璃瓶，加入 5 g 铁粉和 0.1 g 黄铁矿（使溶液 pH 稳定在 6.5~7），厌氧反应条件	初始反应速率较快，随后速度减慢；PCE 在零价铁上的吸附遵循 Langmuir 等温线	Campbell T J *et al.*，1995
10	ZVI	PCBs	批实验	0.5 g 铁粉，1.5 μmol PCBs 加入到 10 mL 火焰密封的玻璃瓶中	温度大于 300 ℃时，PCBs 与铁粉发生脱氯等反应，氯代同系物几乎完全反应	Chuang Larson *et al.*，1995
11	ZVI	DCE、TCE、PCE	批实验	采用实验室合成的铁粉配制溶液，在静态条件下进行实验，监测浓度随时间的变化函数；利用黄铁矿与铁粉来平衡 pH 的增加	铁粉发生氧化反应导致 pH 升高，而高 pH 条件使卤代烃转化速率降低；黄铁矿的品位高低、铁粉的比表面积都是影响反应活性的重要因素	Cipollone M G *et al.*，1995
12	ZVI	1,2,3-三氯丙烷（TCP）	柱实验	采用零价铁粉、石英砂装填实验柱，以 50 mg/L 和 93 mg/L 的 TCP 溶液通过实验柱模拟污染地下水	最终反应产物为丙烯；Fe（0）能有效增强脱氯作用；随单位体积溶液中 Fe（0）比表面积的增大，反应速率加快：1.16、3.7、8 m^2/mL 对应降解 50%TCP 的时间分别为 17.6、6.6、3 h	Focht R M *et al.*，1995
13	Fe, Pd/Fe	PCB	批实验	分别将粒径<10 μm 的铁粉和 Pd/Fe 复合粉末与 20 ppb 的 PCB 发生反应，甲醇、水及丙酮以 1∶3∶1 的比例混合，取 1 mL 加入到反应器中，振荡	Pd/Fe 材料表面脱氯反应迅速，且在酸洗处理条件下，可以重复利用 3~4 次	Grittini C *et al.*，1995
14	ZVI	TCE	批实验	100 mL 水中加入 0.5~2.0 g 铁粉，25 ppm TCE，保持 pH 恒定	在 pH 等于 5.8，加入柠檬酸和不加柠檬酸条件下，降解速率分别为 5.37 h^{-1}、0.85 h^{-1}，降解半衰期为 7.74 min 和 48.9 min；这是由于柠檬酸与 Fe^{2+}产生螯合配体，加快 TCE 降解	Haitko D A *et al.*，1995

续表

序号	填料	污染物	试验类型	试验条件及描述	结论	参考文献
15	Fe，S	CCl_4	批实验	每组试验加入等量铁粉和相同浓度的 CCl_4 溶液，然后分别加入等量硫酸盐、有机磺酸、硫化物及黄铁矿等含硫物质，比较添加 S 与否对 Fe 降解 CCl_4 的影响	硫酸盐、有机磺酸、硫化物及黄铁矿等含硫物质在有氧条件下会加速诱导 Fe 降解 CCl_4	Harms S *et al.*，1995
16	Fe，Zn	CCl_4	批实验	考察不同 pH、材料比表面积、CCl_4 浓度、缓冲液和溶剂组成条件，对于 Fe 和 Zn 降解 CCl_4 的影响	CCl_4 脱氯生成 CCl_3 仅需几个小时，且浓度低于 7.5 mmol/L 时，CCl_4 的反应速率符合一阶动力学反应	Warren K *et al.*，1995
17	Fe，FeS	TCE	批实验 柱实验	批实验：不同质量 FeS 对 TCE 吸附降解的影响。柱实验：以铁屑填充实验柱，其比表面积均值约 6000 m^2/L	TCE 降解半衰期为 40 min；即使反应使得铁屑表面被 $FeCO_3$ 沉淀包覆，柱实验冲刷几百个孔隙体积后反应速率仍为常数	Sivavec T M *et al.*，1995
18	ZVI	TCE	批实验 柱试验	采用超声处理的零价铁去除金属表面的杂质，研究不同浓度 TCE 的降解，实验柱装填比例为 4∶1 的砂/铁，其中铁粉为 50 目，试验中采用 N_2 保护。柱试验过程中保证稳定流条件，采用高效液相色谱泵从柱中取样，以确保低流速下取样的准确性和最小蒸发量	批实验：超声能有效去除金属表面的惰性沉淀物，延长金属表面活性；同时使 TCE 中 Cl—H 键断裂。 柱试验：溶液流速 3 mL/min 时，降解 50%TCE 需要的时间为 260 min，柱寿命不低于 20 PV；溶液流速 2 mL/min 时，降解 50% TCE 需要的时间为 360 min，柱寿命大于 150 PV	Afiouni G F *et al.*，1996
19	ZVI	硝基苯	批实验	将 18~20 目的铁屑溶解到 10%的盐酸中，用缓冲液冲洗降低溶液酸性并除去 Cl^-；实验在厌氧环境进行，在 60 mL 血清瓶中加入 2 g 干燥、过筛的 Fe	测得一阶反应速率分别为硝基苯 0.035 min^{-1}，亚硝基苯 0.034 min^{-1}，苯胺 0.008 min^{-1}；反应速率受到金属表面的质量传输过程控制；金属表面的菱铁矿沉淀抑制硝基的还原作用	Agrawal A *et al.*，1996
20	ZVI	二氯乙烷（DCE）	批实验	制备铁屑 10 g，过 40 目筛预处理，比表面积为 1 m^2/g，同时加入 0.2 g 黄铁矿粉末作为缓冲液，溶解于去离子水中。DCE 以 2 倍初始浓度置于零顶空提取器中，厌氧条件，振荡速率 12 r/min，温度 22~25 ℃	发生还原脱氯和吸附作用，其中 Cl 去除率达 80%~85%；反应产物包括乙烯、乙烷，其中 c-DCE 生成更多氯乙烯，不遵循一阶反应动力学。吸附作用利用 Freundlich 等温线来描述，准平衡时间约 1.1 h	Allen-King R M *et al.*，1997

续表

序号	填料	污染物	试验类型	试验条件及描述	结论	参考文献
21	ZVI	四氯化碳	批实验	取 100 mL 去离子水，在 20 ℃、振荡速率 6 rpm 条件下溶解 5 g 经 HCl 预处理的铁粉和 0.1 g 黄铁矿粉末（缓冲剂）	低浓度、新鲜溶液体系中，CCl_4 的初始降解速率较老化体系快 2~4 倍；乙炔的降解速率比老化体系快若干数量级。对于放置了 3~7 天的溶液体系，两种化合物的准一级反应速率与浓度无关，主要是快速反应位点在数个小时内被沉淀、吸附和腐蚀作用消除	Allen-King R M *et al.*，1997
22	ZVI	TCE	柱实验	装填 600 mL 混合了铁粉的实验柱，控制流速 5~30 cm/h，反应时间约 30 天（大于 300 PV）；柱子顶端填充黄铁矿；50 μmol/L 浓度的 TCE 以 3.15 mL/min 的进入实验柱	随着铁粉的氧化，pH 升高；而黄铁矿氧化，降低 pH，使矿物沉淀速率下降，减少实验柱顶端的堵塞	Cipollone M G *et al.*，1997
23	ZVI	氯乙烯（VC）	批实验	在零顶空提取器中加入 0.2~10 g 经 HCl 预处理的 40 目铁屑，比表面积 1.18 m^2/g，同时加入 15 mL VC 溶液，厌氧条件，振荡速率 8 rpm，分别在 4℃、20℃、32℃、45℃下进行反应	VC 与 Fe 发生反应生成乙烯，部分 VC 吸附于 Fe 表面；温度升高，铁粉反应速率加快	Deng B *et al.*，1997
24	ZVI	TCE	批实验	150 μm、370 μm 网格过筛的铁粉加入到 40 mL 反应容器中，加入 TCE 和去离子水，在 150 rpm 下振荡，分析 pH 及溶解的 Fe	TCE 降解量与溶液中的溶解 Fe 含量成正比；当金属颗粒尺寸从 370 μm 减小 2.5 倍时，伪一级反应速率增加了 2 倍	Gotpagar J *et al.*，1997
25	ZVI，表面活性剂	TCE、PCB	批实验 柱实验	批实验：20 g 40 目的铁粉，100 mL 的 2 mg/L 的 TCE 以及 2%的表面活性剂，2%的助溶剂，在 30 rpm 振荡速率下反应；PCB 与 2 g 100~200 目的铁粉在 5 mL 的反应瓶中反应。 柱实验：湿法装填含有铁粉的柱子，10 PV 后在柱子的不同位置采样	TCE 降解半衰期为 27.4 min；PCE 降解半衰期随着表面活性剂的增加为 100~500 min。 柱实验中由于固液比的增加，TCE 和 PCB 的降解速率增大	Gu B *et al.*，1997
26	ZVI，微生物	TCE、重金属、硝酸盐	柱实验	室内实验设计了双重 PRB 模拟系统（零价铁 PRB 和生物 PRB）处理含多种污染物的地下水	PRB 柱运行 470 多天之后，水样品中的 pH 从 4 增加到 7，而氧化还原电位（ORP）降低到−180 mV；在零价铁 PRB 中三氯乙烯（TCE）、重金属和硝酸盐被完全去除	Lee *et al.*，2010
27	ZVI，微生物	TCE、苯、甲苯	柱实验 中试	柱实验设计了零价铁反应柱与微生物控制柱进行对照实验	柱实验在反应初期能够完全去除地下水中 TCE 污染，微生物 PRB 段能很好去除地下水中苯系物；当运行到 70 PV 时，反应柱零价铁 PRB 出现了 TCE 的穿透现象	田雷，2014

沉淀而非脱氯还原（Noubactep，2010）。目前，零价铁 PRB 已经被用来处理地下水中的氯代烃类、重金属类、放射类、营养盐类、硝基芳香烃类污染物以及偶氮和蒽醌类染料。关于零价铁 PRB 去除氯代烃的研究，国内外都有了丰富实验研究和工程应用资料，效果非常明显（USEPA，2002；Turner *et al.*，2005）。

随着 PRB 技术的不断发展，为进一步提高 PRB 处理效率或降低 PRB 建造成本，各种新的反应介质开始被应用在 PRB 中，如铁的双金属材料、纳米铁材料等。研究发现锌、镍、铅、铜和钴等金属均对 ZVI 的脱氯反应有催化作用，这些金属常被用来与 ZVI 形成双金属系统，或者被通过化学沉淀、电镀等方法沉积到 ZVI 表面形成双金属系统，以提高 ZVI 脱氯速率（刘玉龙，2010）。与单纯 ZVI 材料相比，虽然双金属材料在地下水污染修复时具有较高的效率，但由于受到 PRB 成本的限制，在实际 PRB 工程中双金属材料并未被应用。

纳米铁（nZVI）或微米铁（mZVI）材料具有更高的比表面积和反应速率，近年来被应用于地下水污染修复中。nZVI 可以用于修复氯代烃和乙烷等污染物形成的污染羽、DNAPL 类污染源、去除水中的偶氮和蒽醌类染料。1997 年纳米铁首次应用于去除地下水中的 PCE 和 TCE（Wang and Zhang，1997）。但有研究认为将其注入地下含水层后，其反应活性无法持续数月甚至数周，且成本昂贵，不易重复注射。此外，研究发现在稳定地下水流速下纳米铁在含水层中最大迁移距离仅为 2.5 m，在 1 m 的范围内大部分纳米铁已被完全氧化失效，未被氧化、可继续迁移的纳米铁仅 2%（Johnson *et al.*，2013）。基于以上原因，目前纳米铁修复材料一般应用于污染源或者一些需要在短期内高效去除大量污染物的污染场地修复工程。

为避免 nZVI 氧化失去反应活性，提高其去除污染物的效率，一些新型 nZVI 预处理技术也成为研究的热点。新型 PRB 纳米零价铁填料包括乳化型纳米零价铁和负载型纳米零价铁。乳化型纳米零价铁的包裹成分包括食品级表面活性剂，可生物降解植物油和水。例如，海藻酸钠（SA）包裹零价铸铁粉（SAC）对 Cr（VI）的去除效果是包裹还原铁粉（SAR）的 2 倍，反应完全后铬/铁比高达 32.25 mg/g，填料仍保持较高的渗透系数（2.38 cm/s）（朱文会，2013）。包裹膜具有亲油性，容易和 DNAPL 混合，有利于纳米铁降解污染物。此外，植物油和表面活性剂包裹的零价铁还能作为长期电子供体，促进厌氧生物降解。这些包覆材料起到隔绝空气的作用，减缓纳米零价铁与空气的反应速率，同时降低了纳米颗粒的表面张力，减少了团聚作用，稳定纳米铁的反应活性（Quinn *et al.*，2005）。纳米零价铁与有机表面活性剂的混合使用已经在国外得到了实际工程应用。这种混合材料主要用于修复有机污染物，高氯酸盐，能源化合物等。改性纳米零价铁可以降低地下水的氧化还原电位，促进生物降解过程，强化降解过程的热力学反应，减少氯代中间产物的形成。

负载型纳米铁是在零价铁纳米颗粒形成的过程中将单质铁负载于其他多孔材

料如膨润土、硅胶、沸石、活性炭、树脂等。负载型纳米铁能够增加其在反应体系中的分散性，防止纳米粒子的团聚，同时由于纳米颗粒具有较大的比表面积，其与污染物接触更充分，提高了修复效率。例如，在 pH=6~9 时活性炭负载纳米铁作为吸附剂，对 As（III）吸附容量为 1.997mg/g，去除率为 99.86%（Zhu *et al.*，2009）；活性炭负载纳米 Fe/Pd 对多氯联苯降解效率很高，且重复使用 5 次后，脱氯效率仍达到 80%（Choi *et al.*，2008）。

（二）零价铁修复机理

1. 氯化溶剂脱卤

零价铁含氯有机物（以 RCl 表示）的脱氯基本原理主要是基于零价铁的氧化作用和 RCl 的还原脱氯 2 个半反应，其中零价铁作为电子供体提供电子，有机物接受电子发生脱卤，产生无毒的产物。如下式：

零价铁的氧化反应：

$$Fe^0 \rightarrow Fe^{2+} + 2e^- \tag{3-1}$$

RCl 的还原脱氯反应：

$$RCl + H^+ + 2e^- \rightarrow RH + Cl^- \tag{3-2}$$

总反应为

$$Fe^0 + RCl + H^+ \rightarrow Fe^{2+} + RH + Cl^- \tag{3-3}$$

此外，在零价铁与水共存的环境中，零价铁可和水发生如下反应：

$$Fe^0 + 2H_2O \rightarrow Fe^{2+} + H_2 + 2OH^- \tag{3-4}$$

反应生成的 Fe^{2+}则会进一步与 RCl 发生如下的氧化还原反应：

$$2Fe^{2+} + RCl + H^+ \rightarrow 3Fe^{3+} + RH + Cl^- \tag{3-5}$$

$$H_2 + RCl \rightarrow RH + H^+ + Cl^- \tag{3-6}$$

可见，RCl 在与零价铁–水共存的体系中存在三重脱氯模式，但因 Fe^{2+}的还原速率比 Fe^0慢，而在 H_2 与 RCl 的反应式（3-6）中则必须有催化剂的存在才可以进行，所以上述 3 种还原脱氯反应还是以 Fe^0 直接与 RCl 发生氧化还原反应为主。

在 ZVI 与氯代烃的还原脱氯过程中，系统氧化还原电位（ORP）会从初始约 −400 mV 迅速降低至约−500 mV（Ritter *et al.*，2003），并使 pH 增加至大于 9.0

（Farrell *et al.*，1999）。Wilkin 等（2014）在监测运行 15 年的零价铁 PRB 时发现，PRB 内和下游地下水 pH 分别增加 2 个和 1 个单位，ORP 则至少分别减少 50 mV 和 200 mV。

目前零价铁动力学的研究均视为准一级反应处理，但实际上由于反应过程中零价铁表面钝化失活，活性表面随反应时间延长而衰减，目前建立动力学模型时对这一因素的影响尚未作考虑。有研究认为零价铁还原脱氯时，反应刚开始遵从准一级动力学，随后逐渐偏离准一级动力学（Farrell *et al.*，1999）。零价铁还原是一个界面反应过程，其反应速率不仅与污染物浓度有关，还与零价铁活性表面有关（Sherman *et al.*，2000）。当铁粉表面积视为不变时，还原动力学对污染物而言为准一级反应；当反应产物造成零价铁表面钝化失活时，零价铁反应与准一级反应动力学将存在一定的差异，使之随反应时间延长而衰减。

此外，脱氯反应会消耗 H^+并生成 H_2 和 OH^-，所以 pH 也会影响脱氯速率。地下水中较低 pH 可提高脱氯速率，但伴随着 ZVI 酸蚀加剧，比起较高 pH 并无明显优势（Chen *et al.*，2001）。同时，PRB 内的沉淀与气体也可能会影响 ZVI 比表面积，进而影响脱氯速率。由于所有界面反应中必须包括传质过程，所以温度、阴阳离子、表面活性剂、腐殖酸和共存有机物也会影响脱氯速率（刘菲等，2015）。

2. 六价铬还原沉淀

ZVI 去除无机离子主要是发生氧化还原反应，将高价的重金属还原为低价态，以单质或不可溶的化合物析出（Conca and Wright，2006）。其中，零价铁去除 Cr（VI）的化学反应主要为

$$CrO_4^{2-} + Fe^0 + 8H^+(aq) \rightarrow Fe^{3+} + Cr^{3+} + 4H_2O \tag{3-7}$$

$$(x)Cr^{3+}(aq) + (1-x)Fe^{3+}(aq) + 2H_2O \rightarrow Cr_xFe_{(1-x)}OOH(s) + 3H^+(aq) \tag{3-8}$$

在 ZVI 还原去除 Cr（VI）的过程中，系统 ORP 会迅速从初始的大于 100 mV 降低至小于–300 mV。在美国伊丽莎白城零价铁 PRB 修复 Cr（VI）和 TCE 污染地下水的工程中，Cr（VI）在 TCE 先被脱氯还原后才开始被还原沉淀，ZVI 使地下水 ORP 降低至–600 mV，pH 由 5.8~6.5 升高至 9.5~11（Puls *et al.*，1995）。

3. 含氧酸根离子的还原、吸附及沉淀

对地下水水中的含氧酸根离子（如 NO_3^-、SO_4^{2-}、PO_4^{3-}），零价铁也有一定的去除效果。反应过程中，NO_3^-被还原为 NO_2^-、NH_4^+和 N_2，其中 NO_2^-属于还原过渡态，NH_4^+为主要产物，反应方程式如下：

$$NO_3^- + 3Fe^0 + H_2O + 2H^+ \rightarrow NH_4^+ + Fe_3O_4 \quad (3\text{-}9)$$

$$NO_3^- + 12Fe^{2+} + 13H_2O \rightarrow NH_4^+ + 4Fe_3O_4 + 22H^+ \quad (3\text{-}10)$$

$$NO_3^- + 2.8Fe^0 + 0.2Fe^{2+} + 2.2H_2O \rightarrow NH_4^+ + 1.2Fe_3O_4 + 0.4OH^- \quad (3\text{-}11)$$

利用 ZVI PRB，还可以处理硝基芳香烃类污染物，如硝基苯、二硝基甲苯和三硝基甲苯等，并最终将硝基芳香烃类污染物还原为芳香胺类化合物（Fu *et al.*, 2014）。与 ZVI 还原 NO_3^-相似，ZVI 只是将硝基芳香烃类污染物中的硝基（$—NO_2$）还原成$—NH_2$或—NH。

另外，当 ZVI PRB 中有硫酸盐还原菌存在时，SO_4^{2-}可以在 PRB 中被去除。柱实验和场地示范均发现铁对易氧化还原的含氧阴离子有较好的修复潜力，例如硒、锝和铀。零价铁对它们的去除机理主要是通过吸附或沉淀降低其在地下水中的活性。

4. 砷的吸附与共沉淀

As 的最高价态 As（Ⅴ）迁移性最弱，然而有研究者证明 ZVI 对 As 可以去除。As 与 ZVI 反应形成络合物，包括亚铁氢氧化物、混合价铁氧化物和氢氧化物以及铁的氢氧化物。因为 As（Ⅲ）和 As（Ⅴ）主要是吸附在 ZVI 的表面，例如 As 与 ZVI 反应形成的沉淀物，或共沉淀物（砷黄铁矿）限制着 ZVI 表面的活性，从而降低了 ZVI 去除污染物的效率。

5. 金属阳离子的去除

目前 ZVI 对金属阳离子的去除机理主要包括吸附、还原和沉淀。然而 ZVI 对各个金属的吸附机理，各文献报道还存在争议。在低 pH 条件下，ZVI 对重金属的去除主要是以表面/内部吸附作用控制。在中性到碱性之间的 pH，碳酸盐的沉淀将会提供不同类型的表面吸附位点，从而与金属离子形成共沉淀。由于地下水在流过 PRB 填料反应区时会有氢氧化物和氢气形成，地下水 pH 会有所上升，金属离子的氢氧化物沉淀可能会在金属的固定中起着重要作用。

金属较 ZVI 有更高的标准电位，因而金属还原沉淀也是 ZVI 固定金属的一个潜在机理。例如，ZVI 可以将 Cu（Ⅱ）还原为 Cu（0），形成 Cu（0）和 Cu_2O 沉淀。纳米零价铁（nZVI）对金属离子去除的潜在机理概述见图 3-1。

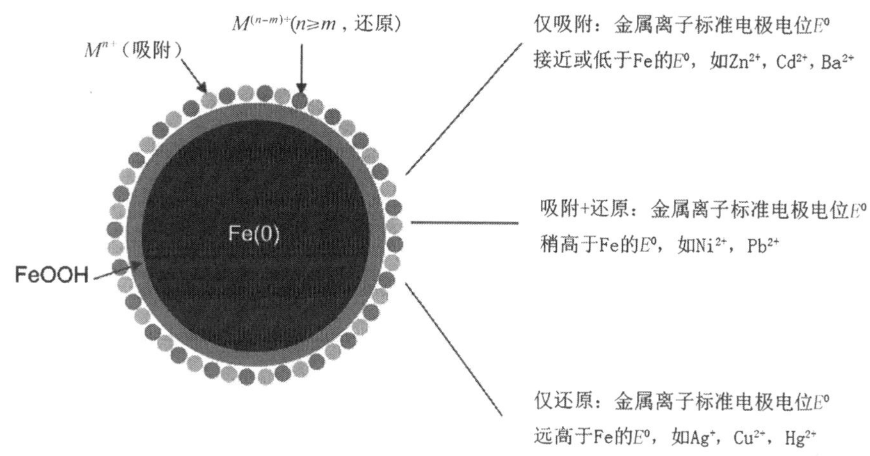

图 3-1　nZVI 去除水中重金属离子的概念模型

二、矿物填料及修复机理

常见的 PRB 反应填料中，矿物填料主要包括了磷酸矿物（羟基磷灰石、鱼骨等生物磷灰石）、硅酸盐、沸石、黏土等，其中以磷灰石和沸石应用最为广泛。矿物填料 PRB 的修复机理一般是通过调整矿物相的溶解和沉积状态来固定污染物，活性填料作为沉淀剂，当污染水通过墙体时，水体中的微量金属与介质材料发生沉淀反应，以达到除污目的。同时，这类填料也可通过吸附作用来去除污染物，此时，填料作为吸附剂，其反应实质是利用介质材料的吸附性能，先将污染物质吸附在介质表面上，然后通过离子交换作用去除污染物。

（一）磷灰石

磷灰石和改性磷灰石等磷酸盐材料能有效去除溶解在地下水中的重金属，并将与土壤颗粒结合的重金属转化为低溶解态。此外，磷酸盐还能有效去除地下水中的放射性物质。在众多磷酸盐中，磷灰石具有相对较低的溶解性和较强的稳定性，最适合作为 PRB 的活性反应填料。目前，美国已有一些场地试验采用磷灰石 PRB 处理重金属和放射性物质污染的地下水。

天然磷酸盐材料包括磷酸盐岩和许多不同天然来源的磷灰石，包括骨粉、骨炭和粒状骨炭。天然磷灰石矿物主要由钙和磷组成，包括氢氧化物（羟基磷灰石 $[Ca_5(PO_4)_3OH]$），氟化物（氟磷灰石 $[Ca_5(PO_4)_3F]$）和氯化物（氯化磷酸 $[Ca_5(PO_4)_3Cl]$）等几类。磷灰石矿物是骨骼和牙齿的关键组分，一般有地质源和生物源两种基本来源。不同来源的天然磷酸盐材料的性质也有显著不同，表面积为 0.3~64 m^2/g，粒径为 3 μm~1 mm（Fuller *et al.*，2002）。

例如，Apatite II™是一种源自鱼骨废料的生物沉淀磷灰石材料，一般组成为 $Ca_{10-x}Na_x(PO_4)_{6-x}(CO_3)_x(OH)_2$，其中 $x<1$。在该材料无机结构内部的孔隙中，含有30%~40%质量分数的有机质。由于 Apatite II™中碳酸根离子高度取代、不存在取代的氟、无定形结构和高微孔性，大大增强了其反应活性（Wright *et al.*，2003）。

由于磷灰石晶体化学特征的特殊性，对绝大多数的重金属都具有很好的去除效果，被用于去除土壤、污水中的多种重金属污染物。磷灰石去除重金属离子的反应机理主要包括溶解—沉淀、表面络合、吸附以及重金属离子与晶格中之间的离子交换作用。当重金属离子被吸附后，可较为稳定地固化在晶格中而不会发生解吸，不会造成二次污染。以磷灰石去除水溶液中 Cd^{2+}为例，主要的吸附机理是表面络合与共沉淀作用，同时，离子交换与固体扩散对整个吸附过程也有所贡献。

（1）离子吸附与交换。磷灰石矿物中，存在一些结构通道，对 Cd^{2+}的吸附许多情况下符合 Langmuir 等温吸附模型（Mandjiny *et al.*，1995）。另外，Cd^{2+}的离子半径与 Ca^{2+}的离子半径近似相等，且溶液中溶出的阳离子物质的量与被去除的 Cd^{2+}的离子物质的量之比近于 1∶1。这些现象表明磷灰石去除污染水中 Cd^{2+}的过程包含了离子吸附与离子交换作用。

（2）溶解沉淀作用。Xu 等（1994）研究商业合成羟基磷灰石对 Cd^{2+}的固定机理，根据实验现象提出 Cd^{2+}与 Ca^{2+}之间可能存在共沉淀作用，化学反应式为

$$xCd^{2+}+(5-x)Ca^{2+}+3H_2PO_4^-+H_2O \rightarrow (Cd_x, Ca_{5-x})(PO_4)_3OH+7H^+ \qquad (3\text{-}12)$$

$$xCd^{2+}+(5-x)Ca^{2+}+3HPO_4^{2-}+H_2O \rightarrow (Cd_x, Ca_{5-x})(PO_4)_3OH+4H^+ \qquad (3\text{-}13)$$

在 pH=5.62 ~ 6.24 时，Cd^{2+}的沉淀以反应式（3-12）为主导；当 pH≥6.99 时，Cd^{2+}的沉淀以反应式（3-13）为主导。

（3）表面络合作用。羟基磷灰石去除水中 Cd^{2+}时，Cd^{2+}与磷灰石表面的官能团还可能发生表面络合作用，化学式为

$$\equiv POH+Cd^{2+} = \equiv POCd^{+}+H^{+} \qquad (3\text{-}14)$$

$$\equiv PO^{-}+Cd^{2+} = \equiv POCd^{+} \qquad (3\text{-}15)$$

$$\equiv CaOH+Cd^{2+} = \equiv CaOCd^{+}+H^{+} \qquad (3\text{-}16)$$

这一机理的提出也与试验现象吻合（Xu *et al.*，1994）。

通常在中性和碱性 pH 条件下，磷灰石矿物带有净负表面电荷，因此在相对较广的环境条件范围内都能有效吸附金属阳离子。不同来源的磷灰石物理性质有很大差异，对其进行改性处理能改变磷灰石表面的电荷性质，有效促进其处理金

属阳离子以外的其他关注污染物。例如，Fisher 等（2008）用高度浓缩的铁溶液处理磷灰石使其表面产生正电荷，吸附砷的含氧阴离子。

（二）沸石

沸石是一种架状结构的多孔含水铝硅酸盐矿物质，是沸石族矿物的总称。主要含 Na 和 Ca 及少数的 Sr、Ba、K、Mg 等金属离子。常见的主要矿物有钠沸石、钙沸石、方沸石、束沸石、浊沸石、毛沸石、斜发沸石、丝光沸石等，它们含水量的随外界温度和湿度的变化而变化。其化学通式可表示为：$(Na,K)_x \cdot (Ca,Sr,Ba,Mg)_y \cdot [Al_{x+2y}Si_{n-(x+2y)}O_{2n}] \cdot mH_2O$。其中，$x$ 为碱金属离子个数，y 为碱土金属离子个数，n 表示硅铝离子个数之和，m 表示水分子数。在沸石构架中，阴离子晶格上的负电与平衡阳离子的正电荷中心在空间上是不重叠的，因此，沸石有较大的静电吸引力，其晶格内部有许多大小均一的空穴和通道，空穴通过开口的通道彼此相连，这使沸石的表面积巨大，达 400 ~ 800 m^2/g，具有良好的吸附性能。

沸石在实际场地修复中得到广泛的应用，主要是由于这类矿物晶体具有相对开阔的硅氧格架，在晶体内部形成许多孔径均匀的孔道和内表面很大的空穴，从而具有独特的吸附、筛分、阳离子交换、催化等性能。在一般情况下，沸石的中心大空穴和孔道都充满水分子，这些水分子围绕可交换阳离子形成水化球，通常在 350℃或 400℃下加热数小时或更长时间使沸石失去水分，留下的孔穴和孔道变成了如海绵或泡沫状的结构，具有吸附性质。这时，有效直径小到足以通过孔道的分子将易于被沸石吸附在脱水孔道和中心空穴中，而直径过大无法进入孔道的分子将被排斥，起到了分子筛的作用。同时，分子筛对分子的极性大小具有选择作用，极性越大越容易被极化的物质，越易被吸附，如沸石对水、氨、硫化氢、二氧化碳等分子具有很强的亲和力。另外，沸石可以在水溶液中进行可逆的阳离子交换，这一性能改进了沸石的吸附和催化能力，从而使沸石获得了更广泛的应用。

沸石作为 PRB 填料，通过阳离子交换作用可以吸附去除地下水中的钠、钾、钙、镁、铅、铜和镉等金属阳离子（Woinarski *et al.*，2003）。Obiri 等（2015）采用柱实验模拟填充沸石的 PRB 处理含铅污染的地下水，实验结果表明，随着反应时间增加，体系 pH 下降，Pb^{2+}去除率增加，表明随反应进行沸石的酸中和能力降低。

天然沸石经过改性，其孔隙率及表面活性明显提高，吸附性能、离子交换性能及交换量等增强，使用价值提高。经过改性的沸石还可以被用来去除地下水中的 NH_4^+、NO_3^-、PO_4^{3-}、铀等。Bowman 等（1995）发现阳离子表面活性剂改性的沸石，在保持原有去除金属离子、铵离子能力的同时，还可有效地去除水中的铬酸根、硫酸根、硒酸根、钼酸根阴离子，并大大提高其去除有机物的能力。

尽管沸石在实际场地修复中被应用广泛，但其去除机理单一，主要是基于吸附作用，吸附饱和后便失去对污染物的去除能力，需通过反冲洗等其他手段对沸石进行活化，或是经常更换吸附剂。因此，沸石常被作为 PRB 的部分反应介质，以在 PRB 运行初期实现对污染物的快速去除。

三、其他填料及修复机理

（一）活性炭

活性炭（activated carbon）是由含碳物质经过活化处理的黑色多孔物质。它具有内部孔隙发达、比表面积大、吸附能力强等特点。由于其性质稳定，有良好的耐酸碱性和耐热性，且不溶于水或有机溶剂，易再生，是一种应用广泛的环境友好型吸附剂。

活性炭具有非常丰富的孔隙结构，因而其具有较大的比表面积。活性炭吸附性能受孔隙结构影响非常大。活性炭一般多为非晶体性物质，是由碳氢化合物将细微的石墨状微晶连接在一起构成的，活性炭特有的吸附性能是由其固体部分之间的间隙形成的孔隙所赋予的。IUPAC 依据活性炭中孔隙尺寸大小的不同，将孔隙分为三类：①大孔：$w > 50$ nm；②中孔：2 nm $< w <$ 50 nm；③微孔：$w < 2$ nm。吸附过程既依赖于孔隙形态，又受到吸附质性能和吸附质–吸附剂间相互作用的影响。

活性炭在制备时经活化反应后，活性炭中微孔的孔隙会扩大成一些大小不同的新孔隙，而活性炭表面的化学结构也在高温中被部分烧掉而变得不完整。另外，活性炭中的灰分、杂原子也会使活性炭表面产生缺陷和不饱和键。这些缺陷和氧以及一些杂原子结合，并且与活性炭的面层、边缘的碳反应，形成了各种键，从而在表面形成各种官能团，活性炭因此表现出了不同的吸附特征。活性炭的吸附性能受含氧官能团和含氮官能团的影响很大。

活性炭吸附按吸附作用力不同可分为物理吸附和化学吸附。物理吸附主要是依靠分子间的范德华力的作用。物理吸附过程中被吸附的分子和吸附剂表面组成都不会改变，物理吸附一般进行得很快，吸附过程是可逆的。物理吸附是放热过程，气体的物理吸附与气体液化过程相似，吸附温度越低，越有利于吸附的进行。化学吸附是吸附分子和吸附剂的表面产生化学反应。一般化学吸附发生在边缘不饱和碳原子等活性位上，被吸附的分子不能沿表面移动。化学吸附一般是不可逆的，化学吸附和化学反应相似，通常在较高的温度下吸附速率较快。 在实际的吸附过程中，物理吸附和化学吸附有时会交替进行。如先发生单层的化学吸附，然后在化学吸附层上再进行物理吸附。

一般来说，表面极性较大的吸附剂对极性大的分子或离子的吸附效果较好；表面非极性较大的吸附剂对非极性分子或离子的吸附效果好。吸附剂比表面积、吸附剂的孔隙结构、表面官能团数量及种类都对其吸附能力有着重要影响。另外污染物的理化性质、污染物初始浓度、溶液 pH、接触时间等也会影响活性炭的吸附效果。Arora 等（2011）利用填料为活性炭的 PRB 去除疏水性有机物，结果表明污染物可以通过吸附作用去除，并受 pH 和有机质等因素的影响。

（二）微生物菌剂

基于生物降解作用的 PRB，即生物反应墙（biological permeable reactive barrier，BPRB），常常选择投加微生物菌剂或是微生物所需营养物质作为填料。通过在污染羽下游修建具有生物活性的反应墙体，设置电子供体/受体或营养物供给系统，激活土著微生物或者在反应区接种目标污染物的优势降解菌，当污染地下水流经反应墙时，地下水中的污染物会被反应墙中的微生物所降解，从而达到生物去除地下水中污染物的效果。

欧美国家的 BPRB 技术发展较早，大多数成功的应用是通过添加微生物菌剂的形式，构建 BPRB。Lojkasek-Lima 等（2012）和 Xin 等（2013）分别构建了生物降解 PRB 来去除地下水中的 TCE 和 BTEX，研究表明去除效率主要受到微生物碳源、电子供体以及地下水环境（pH、温度和盐度）的影响。Shieds 等（1992）在反应墙中加入微生物，并对含水层进行人为通风，对三氯乙烯和其他氯代烃有很好的降解效果。Lesser 等（2010）以原位土壤为装填介质组装了 BPRB，一次性投入相关菌体来降解甲基叔丁基醚和 BTEX，实验过程全程曝气，245 天后，两种污染物浓度基本为零，降解效果好。

（三）释氧化合物

氧气是微生物最容易利用的电子受体，一般情况下，地下水的溶解氧和营养成分不足，加上溶解的有机质降解消耗溶解氧引起地下水发黑发臭，微生物生长缓慢，生存条件极度恶劣，一定程度上抑制了地下水生物修复过程。另外，在地下水修复过程中，好氧条件下生物降解效果要强于厌氧条件下的修复效果。因此，相比于促进厌氧生物降解，通过增氧促进好氧生物降解具有更大的可行性（Yeh *et al.*，2010）。通常通过井内曝气、加入释氧化合物（oxygen releasing compounds，ORC）等方式来提高地下水中的 DO，以促进 PRB 中的生物降解效率（Obiri-Nyarko *et al.*，2014）。

ORC 是一种简便、高效地增加地下水中溶解氧的材料，它释氧速度缓慢，生成的微溶物氢氧化镁、氢氧化钙等不会对地下水造成二次污染，已经被广泛研究并实际应用于地下水修复中（Li，2014）。ORC 一般指固体过氧化物，如过氧化镁（MgO_2）、过氧化钙（CaO_2）等，这些过氧化物与水反应释放出氧气，为污染物提供电子受体，从而促进有机污染物的好氧生物降解。通常将水泥、砂及其他组分与过氧化物按一定比例混合制成 ORC 混凝土块，一方面，过氧化物能与水反应产生氧气达到释氧目的；另一方面，水泥和砂将部分过氧化物固结包裹起来，降低了释氧速率，延长释氧时间，起到缓慢释氧的作用。

MgO_2 相比 CaO_2 释氧速度稳定，释氧周期长，但等质量的商业 MgO_2 的释氧量是 CaO_2 的 3~4 倍，且价格低廉，因此更适合规模化使用，作为生物 PRB 的辅助填料。Bianchi-Mosquera 等（1994）在微生物反应墙中添加释氧化合物，对地下水中的苯和甲苯等均有较好的去除效果，出水中的浓度均小于 0.5 mg/L。

Kao 等（2003）利用水泥、CaO_2、砂、粉煤灰、NH_4Cl、K_3PO_4、水等按一定比例混合得到 ORC 固体小颗粒，其中 NH_4Cl、K_3PO_4 作为微生物营养源，粉煤灰调节 pH，砂增大 ORC 的渗透能力，该材料可持续释氧 3~6 个月，用于修复 PCE、TCE 地下水污染去除率达 99%。

限制生物修复最关键的因素是缺乏合适的电子受体。氧气作为电子受体不仅能够被微生物普遍利用，而且能提供最大的能量供给，从而加速好氧生物降解。在原位地下水生物修复技术中，溶解氧的输送问题就成为关键限制因素，需要采用各种方法强化这一过程，其中最重要的就是提供足够的溶解氧，因此有关 ORC 的研究近年来是地下水供氧体系的热点，ORC 也成为一种较有应用前景的新型 PRB 填料。

四、典型填料中试应用

PRB 技术于 1982 年提出后，短短的十几年内，在欧美的一些发达国家和地区就做了大量的野外实验模拟和工程技术探索工作。针对不同的目标污染物，PRB 使用的反应填料和其去除污染物的机理也不尽相同。到目前为止，欧洲和北美许多地方已经建成的 PRB 系统超过 120 座，广泛应用于重金属、非金属、无机盐、石油烃、卤代物、苯系物、杀虫剂、除草剂以及多环芳烃等多种污染地下水处理领域（Hosseini *et al.*, 2011；Gibert *et al.*, 2008；Tiehm *et al.*, 2008；Weisener *et al.*, 2005；Morrison *et al.*, 2002； Li *et al.*, 1999；Vogan *et al.*, 1999；Gillham and Ohannesin 1994）。表 3-3 总结了典型 PRB 活性反应填料在中试规模的应用，并考察了填料对目标污染物的去除效果。

表 3-3 典型 PRB 反应填料中试应用

序号	填料	污染物	试验条件及描述	结论	参考文献
1	ZVI	卤代有机化合物	1991 年加拿大安大略省博登基地某污染场地建造了长 5.5 m、深 9.7 m 的可渗透反应墙，反应墙底部与粉质黏土透镜体相连；反应材料包含 22%铁屑和 78%混凝土	受污染地下水通过反应墙后，TCE 浓度降低了 95%，PCE 降低了 91%；反应墙下游未检出 TCM；由于脱氯作用，水中 Cl^-浓度升高	O' Hannesin S F *et al.*，1992
2	Fe，Zn，Cu，Al，黄铜，不锈钢	氯代烃类	在加拿大安大略省博登基地某污染场地构造一个 1.6 m×5.5 m 的反应单元，反应材料包含 22%铁屑和 78%混凝土，在整个反应墙体中，设置 348 个采样点	原位反应墙性能可保持恒定长达 14 个月；污染水体通过反应墙后，污染物去除率可以达到 90%	Gillham R W *et al.*，1993
3	ZVI	氯代烃类	美国加利福尼亚州森尼韦尔某地下水污染场地，采用粒状零价铁作为反应墙填料，降解溶解在地下水中的氯代挥发性有机物	TCE 在通过粒状铁填充的反应墙后，发生有机物的脱氯还原和粒状铁的氧化作用，反应产物为氯乙烯和氯化物。该降解过程是生物降解，在粒状零价铁的参与下，降解速率是天然环境下降解速率的若干个数量级	Gallinatti J D *et al.*，1995
4	ZVI	TCE、PCE	1991 年在加拿大安大略省博登基地某污染场地，建造长 5.5 m，宽 1.5 m 的可渗透反应墙，填充 22%铁屑和 78%混凝土；地下污染羽流速为 19 cm/h；TCE 初始浓度为 270 mg/L，PCE 初始浓度 43 mg/L	90% TCE 和 88% PCE 从地下水中去除，水中 Cl^-浓度升高表明了脱氯反应的进行；主要反应产物有 cDCE、tDCE、VC，其中 cDCE 浓度达 2200 μg/L	O'Hannesin S F *et al.*，1995
5	ZVI	Cr（VI）、DCE、TCE、VC	美国北卡罗来纳州伊丽莎白某污染场地建造了一个小型的场地原位 PRB，在 21 个 3~8 m 的钻孔中填充粗铁屑（0.1~2 mm）和天然含水层砂石固体混合物；并设置 21 个监测井	随着污染物被降解，溶液中的 Fe^{2+}浓度增大，氧化还原电位降低，pH 升高；Cr（Ⅳ）还原为 Cr（Ⅲ），溶解的铬酸盐浓度降低至不足 0.01 mg/L；TCE 质量浓度由 6 mg/L 降为 0.005 mg/L；钻孔下游 30 cm 处，检测到硫化物，为弱还原条件	Puls R W *et al.*，1995
6	ZVI	PCE、TCE、cDCE、VC	美国新泽西州某场地设计了一个铁填料的反应器模拟 PRB，通过反应器的地下水流量位 0.032 L/s，污染物滞留时间 1.1 天；进入反应器的 PCE 浓度为 30 mg/L	通过反应器后，PCE、TCE 完全降解，但 PCE 降解速率比 TCE 慢，大约 0.4~0.7 h；cDCE 降解半衰期为 1.5~3.7 h，VC 为 0.9~1.2 h；随着反应的进行，Fe 被溶解腐蚀，溶液中 pH 升高，溶解的钙、镁含量降低，产生沉淀	Vogan J *et al.*，1995
7	ZVI	1,2-DCE、TCE、VC、氟利昂	美国旧金山原半导体工厂污染场地，采取粒状零价铁和砾石装填的可渗透反应墙，处理地下水中的污染物；墙体长 12.2 m，深度 2.1~6.1 m，厚 1.2 m；墙体东西两侧由液压控制，并设置了若干监测井；地下水流速 0.3 m/d，VC 在 PRB 中的滞留时间为 2 天	运行 4 个月，监测井取样检测结果表明污染物去除效果良好	Yamane C *et al.*，1995

续表

序号	填料	污染物	试验条件及描述	结论	参考文献
8	ZVI	TCE	美国森尼韦尔市某污染场地；采用 100%的纯粒状铁填充一个厚 1 m，宽 10 m，深 5 m 的漏斗-导门式反应墙	污染地下水流经反应墙后，TCE 浓度由 30~68 ppb 降低到不足 0.5 ppb；DCE 浓度由 393~1916 ppb 降低到不足 0.5 ppb	Focht R M *et al.*，1996
9	ZVI	VOCs	美国加州某半导体工厂搬迁场地：直径 2.1 m 的圆柱形 PRB，填充 220 吨粒状铁及豆状砾石；PRB 上游安装有 2 个测压计，下游随水力梯度下降设置 4 口监测井	监测结果显示场地地下水水质已达到当地标准规定的水平	Szerdy F S *et al.*，1996
10	ZVI	TCE、PCE、TCA	北爱尔兰贝尔法斯特某污染场地，设计了一个深度为 12 m，直径 1.2 m 的圆柱形可渗透反应器，反应器中填充铁屑。在反应器入口和出口处分别设有 5 m 宽的导流墙，起到集水和分流作用	TCE 脱氯作用形成少量的 DCE、Cl^-、VC 等，使得水中污染物浓度升高到 700 μg/L；在反应器运行 7 个月后，TCE 浓度降低到 5 μg/L，但在出口处由于回流影响浓度稍有增高；3 个月后，未检出 DCE；4 个月后 VC 浓度为 0.4 μg/L，7 个月后未检出	Jefferis S A *et al.*，1997
11	ZVI	TCE、PCE	1996 年美国加州 Moffett 某污染场地在 TCE 和 PCE 污染羽上设计安装了一个长 10 ft，宽 6 ft 的漏斗-导门式 PRB，漏斗长 20 ft；填充零价铁屑	PRB 上游 TCE 浓度＞1000 μg/L，下游 0.6 m 处采样，未检出 TCE，表明 TCE 已与填料完全反应去除	Naval Facilities Eng. Service Center, Enviro. Restor. Div., www.Updated April 24, 1997
12	ZVI	TCE	1995 年美国科罗拉多州洛瑞空军基地安装了漏斗-导门式 PRB，反应墙长 10 ft、宽 5 ft、深 17 ft，装填粒状 ZVI；PRB 附近设置 34 口监测井	TCE 初始浓度高达 1400 μg/L，监测结果表明 PRB 内发生了一阶非生物还原反应脱卤作用，氯代烃和中间产物也被完全降解	Gallant W A *et al.*，1997
13	ZVI	Cr（VI）、TCE	美国北卡罗莱纳州伊利莎白某电镀车间污染场地，1996 年在污染源下游 140 ft 处设计安装了一个连续沟槽式 PRB，长 150 ft，深 24 ft，厚 2 ft，PRB 顶部距离地表 3 ft，以零价铁作为反应填充材料；上游安装三排多端口采样的测压计，每个测压计垂向上有 7~11 个取样口；同时污染羽周围安装了 10 口监测井	每季度采样，分析结果表明 Cr（VI）的浓度由 5 ppm 减少到未检出水平，TCE 浓度由 7 ppm 降低到不足 0.005 ppm，两种污染物均达到了处理标准	"USCG Support Center SCEC Interim Corrective Measures, Quarter 3 Report", Parsons Engineering Science, Inc., Section 1, Rev. 0, January, 1998
14	ZVI	TCE、VC	1994 年美国新罕布什尔州 Somersworth 卫生填埋场地安装了漏斗-导门式 PRB，圆筒状导水门位于砾石层之间，直径 8 m，填充 ZVI；漏斗长 4.5 ft	PRB 内第一个监测井的水样中，VOCs 浓度已降低至检测限以下；反应区内呈碱性还原条件	EPA, 1999

续表

序号	填料	污染物	试验条件及描述	结论	参考文献
15	ZVI	TCE、cDCE、VC	1995 年美国纽约州某工业场地安装了漏斗-导门式 PRB，反应门长 12 m，厚 3.5 ft，立于地下 3~18 ft；PRB 内部及上下游均设置监测井	在 PRB 运行 2.5 年的监测周期内，TCE、cDCE 和 VC 浓度分别由 300 μg/L、100~500 μg/L、80 μg/L 降低到约 5 μg/L、5 μg/L 和 2 μg/L	EPA, 1999
16	ZVI	TCA、1,1-DCE、TCE、cDCE	1996 年美国科罗拉多州联邦公路管理局场地安装了漏斗-多重门式 PRB，由 1040 ft 长的漏斗和 4 个 40 ft 长的反应门构成，填充粒状 ZVI；反应门与含水层间用砾石隔开	通过反应门的地下水流速范围在 1~10 ft/d；1,1-DCE、TCE 浓度均由 700 μg/L 降低到不足 5μg/L；经处理的地下水中 Ca^{2+}和 CO_3^-浓度降低，推测在反应格栅中形成方解石和菱铁矿沉淀，造成运行期间每年孔隙度降低 0.5%	EPA, 1999
17	ZVI，氧气	cDCE、VC、TCE、BTEX	1996 年美国加州 Alameda 海军航空基地建立了漏斗-多重门 PRB，反应门长 15 ft、宽 10 ft，漏斗长 10 ft；PRB 内，地下水首先通过 5%ZVI 和粗砂的混合区，然后通过生物曝气区	除 cDCE、VC 外，其余各类污染物均达到修复目标值；粒状 ZVI 对高浓度氯代有机物的去除率高达 91%以上，低浓度下去除率达 99%以上	EPA, 1999
18	ZVI	TCE、cDCE，VC	1997 年美国纽约州中部某工业场地安装了传统连续沟槽式 PRB，厚 1 ft，深 18 ft，采用 742 t 粒状铁作为活性填料	每季度采集水样；PRB 上游 TCE、1,2-DCE、VC 浓度分别为 2200 μg/L、4900 μg/L、260 μg/L，下游水样中仅存在 5 μg/L 1,2-DCE 和 23 μg/L VC	EPA, 1999
19	ZVI	TCE、cDCE，VC	1997 年美国南加州 Manning 某工业场地安装了传统连续沟槽式 PRB，厚 1 ft，长 325 ft，ZVI 与砂以 1:1 体积比混合后作为反应填料	运行 9 个月后，PRB 下游监测井结果表明发生了脱氯作用，污染物浓度降低	EPA, 1999
20	ZVI 和海绵铁	PCE、1,2-DCE	德国第一个 PRB 于 1998 年在 Rheine 前干洗店场地安装，为连续反应带式 PRB，长 74 ft，宽 2~3 ft，其中 33 ft 装填 1∶2 比例混合的粒状 ZVI 与砾石，剩余 41 ft 装填海绵铁	每月采集地下水样；经处理后地下水中 PCE 浓度由 20 mg/L 降低到不足 100 μg/L；反应初期有少量氢气产生	EPA, 1999
21	ZVI	TCE	1998 年在美国南俄勒冈州某飞机维修厂采用连续式沟槽挖掘安装了漏斗-导门式 PRB，由长 650 ft 的漏斗和 2 个 50 ft 宽、9 ft 厚的导水门组成；导水门上下游各设 2 个监测井。渗透系数 3 ft/d	场地上部含水层 TCE 挥发形成的 VOC 浓度高达 500 μg/L。工程运行后每两个月采样，之后每季度进行采样	EPA, 1999
22	ZVI	1,1,1-TCA、PCE、TCE、	1998 年美国新泽西州 Fairfield 前电子产品加工厂场地安装了连续反应带式 PRB，反应墙长 127 ft，厚 5 ft，	每月采集地下水样发现 PRB 内 VOC 浓度由 4500 μg/L 下降到 33 μg/L；随后每季度采样，发现 pH 由 6.5 增	EPA, 1999

续表

序号	填料	污染物	试验条件及描述	结论	参考文献
		DNAPL	深 25 ft，底部填充 4∶1 的 ZVI/砂混合物，上部填充 ZVI/砂混合物比例为 3∶2；在反应墙内部及上下游均安装监测井	加到 9.5，ORP 由–50 mV 下降到–400 mV	
23	ZVI	TCE	1998 年在美国新泽西州北部 Caldwell 超级基金场地建立了水力压裂式 PRB，由 15 个两两间隔 15 ft 的注入井组成，形成两个长度分别为 150 ft 和 90 ft 的反应带，反应带位于地面以下 15~50 ft，贯穿砂砾层和破碎玄武岩层；采用水力压裂泵送含有 ZVI 的泥浆	每月采集地下水样品，发现地下水中 TCE 去除率达 95%，从 7000 μg/L 降低到不足 400 μg/L	EPA, 1999
24	ZVI	1,2-DCE、VC	1998 年美国密苏里州 Kansas 能源部工厂安装了长 130 ft、宽 6 ft 的连续沟槽式 PRB，沟槽底部 6 ft 装填 100% ZVI，其余部分装填 ZVI 和砂的混合物	VOC 污染羽主要存在于 PRB 底部砾石层；运行一段时间，1999 年 1 月采样分析表明 1,2-DCE 浓度由 1377 μg/L 降低到不足 70 μg/L，VC 由 291 μg/L 降低到不足 2 μg/L	EPA, 1999
25	ZVI	Cr（VI）、TCE	美国伊利莎白城采用连续成槽工艺安装了一个长 46 m，宽 0.6 m，深度 7.3 m 的零价铁反应墙，并运用了流动和溶质运移模型辅助反应墙设计	经过反应墙的地下水中，Cr（VI）浓度由 6 mg/L 降低到不足 0.01 μg/L，TCE 浓度由 5600 μg/L 到 5.3 μg/L	Blowes D W *et al.*，1999
26	ZVI	PCE	1998 年美国马萨诸塞州军事保护区建造了水力压裂 PRB，由两面宽度 50 ft、深 80~120 ft、间隔 20 ft 的反应墙构成，其中 A 墙注入 100%粒状 ZVI 填料，B 墙注入 44%粒状 ZVI 和 56%砂	1997~2000 年的监测结果表明，PRB 下游溶解氧浓度降低，pH 升高，铁离子浓度增大；A 墙下游 PCE 浓度无明显变化，B 墙下游 PCE 浓度下降，检测到降解产物 cDCE	Savoie J G *et al.*，2003
27	ZVI	PCE、TCE、DCE	1998 年美国特拉华州多佛空军基地安装了漏斗导门式 PRB，包括 2 个 8 ft 宽、45 ft 深的反应门，第一个反应门装填 ZVI 和 10%的铁/砂混合物，第二个反应门装填 ZVI 和 10%的黄铁矿/砂混合物	PCE 一阶降解速率常数随反应时间增加而显著降低（>80%），在 PRB 运行一年后趋于平稳	Kenneke J F *et al.*，2003
28	ZVI	TCE	1999 年美国密歇根州沃伦空军基地泄漏场地建立了连续沟槽式 PRB，长 173 m，厚 1.2 m，深度达地下水位以下 4.6 m；PRB 分为 3 段，分别装填 100% ZVI、25% ZVI 与 75 %砂混合物、38 % ZVI 与 62 %砂混合物	TCE 浓度由 290~14000 μg/L 下降到 25~3200 μg/L；同时，C 同位素结果表明除了 PRB 的降解作用，还存在微生物对 TCE 的还原脱氯	Vanstone N *et al.*，2005

续表

序号	填料	污染物	试验条件及描述	结论	参考文献
29	ZVI	TCE、VC、cDCE	1996 年 1 月在美国堪萨斯州某工业场地安装了一个 1000 ft 长的漏斗导门式 PRB，深约 30 ft；由 50%铁粉和 50%砂混合构成反应区，放置在地下约 17~30 ft 范围内	经 10 小时后 TCE 浓度由 210 ppb 降低到筛选值以下；VC 由 540 ppb 降低到可接受水平需要 43 小时；cDCE 经 7 小时由 1.415 ppb 至降解完全	Robert J. 2006
30	ZVI	TNT（三硝基甲苯）、RDX（三亚甲基三硝胺）	2003 年美国内布拉斯加州格兰德艾兰某污染场地建造了一个沟槽式 PRB，长 50 ft，厚 3 ft，深 15 ft，填料为 ZVI 和生物聚合物泥浆；设置一系列多端口采样的监测井；地下水流速 1~2 ft/d	地下水流经 PRB 前后，TNT 和 RDX 浓度由大于 100 ppb 降低到检出限以下，且水中溶解的硫浓度也有所下降	Johnson R *et al.*，2008
31	微米级 ZVI，EHC	CCl_4、$CHCl_3$、CH_2Cl_2、CH_3Cl	2005 年美国中西部 Grain Silo 场地采用注射型 PRB，将 24 吨 EHC 和 ZVI 混合泥浆分为 27 组、126 个钻孔注入到宽度为 270 ft 的 CCl_4 污染羽反应区内的饱和含水层中	运行监测 4 个月之后，地下水采样分析发现反应区下游 21 m、43 m 处 CCl_4 分别减少了 76%和 88%；运行 13~22 个月后，反应区下游 21 m 处 CCl_4 减少了 97%；22 个月后，反应区下游 183 m 处 CCl_4 减少了 88%	Biteman S *et al.*，2008
32	ZVI	TCE、高氯酸盐	美国加州 Sacramento 喷气飞机公司某场地安装了双重 PRB，由 2 个间隔 8 ft，长 50 ft、厚 2 ft、深 25 ft 的反应墙构成；PRB 周围设置 21 口监测井	经 6 个月的监测表明，该 PRB 能有效处理 TCE 浓度为 60 mg/L 的地下水，并将高氯酸盐的浓度从约 25 mg/L 降低至小于 1 mg/L	Dowman C E *et al.*，2008
33	ZVI	TCE、DCE	2004 年在阿维利亚纳某工业垃圾填埋场地建立了意大利第一个中试规模的 PRB，该沟槽式 PRB 长 120 m，平均挖掘深度 13 m，厚度 0.6 m；反应单元位于地下 4.5~14.5 m，装填 83 %ZVI 与 17 %砂的混合物	运行 3 年后，尽管 ZVI 产生了一定程度的腐蚀和钝化，但 PRB 系统仍能使地下水中 VOCs 浓度降低到控制值以下；推测矿物沉淀造成孔隙率每年减小 4.9 %	Zolla V *et al.*，2009
34	ZVI，EHC（一种碳混合物）	cDCE、PCE、TCE、VC	美国加州 Sunnyvale 某污染场地，2003 年设计安装了一个传统的沟槽式 PRB；反应墙立于污染源下游 1200 ft 处，长 700 ft，厚 2~4 ft，深 24~33 ft，包含有 14 个 50 ft 长的反应隔间，每个隔间装填 ZVI 与砂土的混合物；2007 年完成了 EHC 底物的注射，使 PRB 的有效反应深度扩展到地下 50 ft；PRB 下游沿地下水流向布设 5 口监测井	各类污染物的浓度降低了 91%~94%，下游 5 口监测井中有 3 口井中总 VOCs 浓度低于 600 μg/L 的筛选值，表明 PRB 运行情况良好	The Source Group, Inc. 2010

续表

序号	填料	污染物	试验条件及描述	结论	参考文献
35	ZVI	TCE、cDCE	北爱尔兰贝尔法斯特 Monkstown 某污染场地，1995 年安装了漏斗-导门式 PRB，反应器直径 4 ft，深 40 ft，其中 ZVI 装填区为 16 ft，用膨润土泥浆在反应器两侧分别构筑长 100 ft 的漏斗状阻隔墙，上下游分别布设监测井；地下水流量 176.6 ft^3/d，在反应器中的滞留时间为 12 h	地下水中 TCE 和 cDCE 浓度均降低了 97.5%；PRB 系统运行 10 年后，在上游某观测孔中发现 PRB 表面有 1~2 cm 厚的矿物沉积，而下游沉淀较少	Phillips D H *et al.*，2010
36	ZVI	PCE、TCE、1,1,1-三氯乙烷	丹麦菲英岛 Vapokon 场地 1999 年建立了一个漏斗-导门式 PRB，漏斗由 2 个 110~130m 长的板桩构成，反应门长 14.5m，厚 0.8m，深 9m，填充粒状铁，渗透率 20.28 m/d	7 年后 PRB 对主要氯代烃的去除率仍大于 99%，但脱氯中间产物 *cis*-二氯乙烯的累积导致 PRB 对 *cis*-二氯乙烯的去除率偏低。PRB 内 ZVI 腐蚀产生的沉淀以及微生物是限制 PRB 长期运行的重要因素	Muchitsch N *et al.*，2011
37	ZVI	PCE、TCE、cDCE、VC	2003 年美国某商业场地安装沟槽式 PRB，总长超过 210 m，由若干 15 m 长、1.2 m 厚的反应单元构成，装填 100% 的铁粉	运行近 5 年的监测表明，PRB 能有效去除大多数氯代溶剂及 Ca^{2+}、SO_4^{2-} 等	Jeen S W *et al.*，2011
38	ZVI、微生物	TCE、苯、甲苯	中试在河南省焦作市府城村示范工程场地开展，构筑长宽高分别为 12 m×4 m×5 m 地下式混凝土反应池。拟设定日处理量 12 m^3/d 的污染水体，反应系统主要包括供水系统、反应单元及排水系统	柱实验在反应初期能够完全去除地下水中 TCE 污染，微生物 PRB 段能很好去除地下水中苯系物；当运行 70 PV 时，反应柱零价铁 PRB 出现了 TCE 的穿透现象。中试结果表明铁格栅对于 TCE 的去除能力比较明显，但地下水中较高浓度的 NO_3^- 污染严重影响 PRB 寿命，在运行了 60 天之后即发现零价铁 PRB 失去了对 TCE 的还原能力；而甲苯在进入反应池之后很快被去除，去除效果较好	田雷, 2014

参 考 文 献

刘菲，陈亮，王广才，等. 2015. 地下水渗透反应格栅技术发展综述. 地球科学进展，30（8）: 863-877.

刘玉龙. 2010. 去除地下水中苯、甲苯和氯代乙烯烃混合污染羽的实验研究. 北京: 中国地质大学.

田雷. 2014. 复合介质 PRB 去除地下水中氯代烃和苯系物混合污染研究. 北京: 中国地质大学.

朱文会，董良飞，王兴润，等. 2013. Cr（VI）污染地下水修复的 PRB 填料实验研究. 环境科学, 34（7）: 2711-2717.

Agrawal A, Tratnyek P G. 1995. Reduction of nitro aromatic compounds by zero-valent iron metal. Environmental Science and Technology, 30（1）: 153-160.

Allen-King, Halket R M, Burris D R. 1997. Reductive transformation and sorption of cis-and trans-1, 2-dichloroethene in a metallic iron-water system. Environmental Toxicology and Chemistry, 16（3）: 424-429.

Arora M, Snape I, Stevens G W. 2011. The effect of temperature on toluene sorption by granular activated carbon and its use in permeable reactive barriers in cold regions. Cold Regions Science and Technology, 66（1）: 12-16.

Barton C S, Stewart D I, Morris K, et al. 2004. Performance of three resin-based materials for treating uranium-contaminated groundwater within a PRB. Journal of Hazardous Materials, 116（3）: 191-204.

Bianchi-Mosquera G C, Allen-King R M, Mackay D M. 1994. Enhanced degradation of dissolved benzene and toluene using a solid oxygen-releasing compound. Groundwater Monitoring and Remediation, 14（1）: 120-128.

Biteman S G, Foote S, MacFabe J, et al. 2008. Pilot-scale reductive dechlorination of carbon tetrachloride in groundwater. In Battelle Conference.

Blowes D W, Puls R W, Gillham C J, et al. 1999. In situ permeable reactive barrier for the treatment of hexavalent chromium and trichloroethylene in Ground Water. Volume 2. Performance Monitoring.

Bowman R S. 1995. Sorption of nonpolar organic compounds, inorganic cations, and inorganic oxyanions by surfactant-modified zeolites. In ACS Symposium Series.

Burris D R, Campbell T J, Manoranjan V S. 1995. Sorption of trichloroethylene and tetrachloroethylene in a batch reactive metallic iron-water system. Environmental Science and Technology, 29（11）: 2850-2855.

Chen J L, Al-Abed S R, Ryan J A, et al. 2001. Effects of pH on dechlorination of trichloroethylene by zero-valent iron. Journal of Hazardous Materials, 83（3）: 243-254.

Choi H, Agarwal S, Al-Abed S R. 2008. Adsorption and simultaneous dechlorination of PCBs on GAC/Fe/Pd: mechanistic aspects and reactive capping barrier concept. Environmental Science and Technology, 43（2）: 488-493.

Chuang F W, Larson R A, Wessman M S. 1995. Zero-valent iron-promoted dechlorination of polychlorinated biphenyls. Environmental Science and Technology, 29（9）: 2460.

Conca J L, Wright J. 2006. An apatite II permeable reactive barrier to remediate groundwater containing Zn, Pb and Cd. Applied Geochemistry, 21（12）: 1288-1300.

Dowman C E, Hashimoto Y, Warner S, et al. 2008. Monitoring performance of a dual wall permeable reactive barrier for treating perchlorate and TCE[c]//AGU Fall Meeting, San Francisco.

Farrell J, Kason M, Melitas N, et al.1999. Investigation of the long-term performance of zero-valent iron for reductive dechlorination of trichloroethylene. Environmental Science and Technology, 34（3）: 514-521.

Focht R, Vogan J, O'hannesin S. 1996. Field application of reactive iron walls for in - situ degradation of volatile organic compounds in groundwater. Remediation Journal, 6（3）: 81-94.

Fu F, Dionysiou D D, Liu H. 2014. The use of zero-valent iron for groundwater remediation and wastewater treatment: a review. Journal of Hazardous Materials, 267（3）: 194-205.

Fuller C C, Bargar J R, Davis J A, et al. 2002. Mechanisms of uranium interactions with hydroxyapatite: implications for groundwater remediation. Environmental Science and Technology, 36（2）: 158.

Gallant W A, Myller B. 1997. The results of a zero valence metal reactive wall demonstration at Lowry AFB, Colorado[C]//Air and Waste Management Association, Pittsburgh, PA.

Gallinatti J D, Warner S D, Yamane C L, et al. 1995. Design and evaluation of an in-situ ground water treatment wall composed of zero-valent iron. Ground Water, 33（5）.

Gibert O, Pomierny S, Rowe I, et al. 2008. Selection of organic substrates as potential reactive materials for use in a denitrification permeable reactive barrier （PRB）. Bioresource Technology, 99（16）: 7587-7596.

Gillham R W, Ohannesin S F. 1994. Enhanced degradation of halogenated aliphatics by zero valent iron. Ground Water, 32（6）: 958-967.

Grittini C, Malcomson M, Fernando Q, et al. 1995. Rapid dechlorination of polychlorinated biphenyls on the surface of a Pd/Fe bimetallic system. Environmental Science and Technology, 29（11）: 2898.

Hosseini S M, Ataie-Ashtiani B, Kholghi M. 2011. Nitrate reduction by nano-Fe/Cu particles in packed column. Desalination, 276（1-3）: 214-221.

ITRC. 1999. Regulatory guidance for permeable reactive barriers designed to remediate inorganics and radionuclide contamination. Interstate Technology and Regulatory Council.

ITRC. 2011. Permeable reactive rarrier: technology update. Interstate Technology and Regulatory Council.

Jeen S W, Gillham R W, Przepiora A. 2011. Predictions of long-term performance of granular iron permeable reactive barriers: field-scale evaluation. Journal of Contaminant Hydrology, 123（1-2）: 50-64.

Johnson R L, Nurmi J T, O'Brien Johnson G S, et al. 2013. Field-scale transport and transformation of carboxymethylcellulose-stabilized nano zero-valent iron. Environmental Science and Technology, 47（3）: 1573-1580.

Johnson R, Tratnyek P. 2008. Remediation of explosives in groundwater using a zero-valent iron permeable reactive barrier. Oregon health and science univ Portland.

Johnson T L, Tratnyek P G. 1994. A column study of geochemical factors affecting reductive dechlorination of chlorinated solvents by zero-valent iron. USA: Battelle Press.

Kao C M, Chen S C, Wang J Y, et al. 2003. Remediation of PCE-contaminated aquifer by an in situ two-layer biobarrier: laboratory batch and column studies. Water Research, 37（1）: 27-38.

Kenneke J F, Mccutcheon S C. 2003. Use of pretreatment zones and zero-valent iron for the remediation of chloroalkenes in an oxic aquifer. Environmental Science and Technology, 37（12）: 2829-2835.

Lee J Y, Lee K L, Sun Y Y, et al. 2010. Stability of multi-permeable reactive barriers for long term removal of mixed contaminants. Bulletin of Environmental Contamination and Toxicology, 84（2）: 250-254.

Lesser L E, Johnso P C, Spinnler G E, et al. 2010. Spatial variation in MTBE biodegradation activity of aquifer solids samples collected in the vicinity of a flow-through aerobic biobarrier. Ground Water Monitoring and Remediation, 30（2）: 63-72.

Li S, Huang G, Kong X, et al. 2014. Ammonium removal from groundwater using a zeolite permeable reactive barrier: a pilot-scale demonstration. Water Science and Technology, 70（9）: 1540-1547.

Li Z H, Jones H R, Bowman R S, et al. 1999. Enhanced reduction of chromate and PCE by palletized surfactant-modified zeolite/zerovalent iron. Environmental Science and Technology, 33（23）: 4326-4330.

Lima L, Aravena R, Stash S, et al. 2012. Evaluating TCE Abiotic and Biotic Degradation Pathways in a Permeable Reactive Barrier Using Compound Specific Isotope Analysis. Groundwater Monitoring and Remediation, 32（4）: 53-62.

Ludwig R D, Smyth D J A, Blowes D W, et al. 2009. Treatment of Arsenic, Heavy Metals, and Acidity Using a Mixed ZVI-Compost PRB. Environmental Science and Technology, 43（6）: 1970-1976.

Mandjiny S, Zouboulis A I, Matis K A. 1995. Removal of cadmium from dilute solutions by hydroxyapatite. I.

Sorption Studies. Separation Science and Technology, 30（15）: 2963-2978.

Morrison S J, Metzler D R, Dwyer B P. 2002. Removal of As, Mn, Mo, Se, U, V and Zn from groundwater by zero-valent iron in a passive treatment cell: reaction progress modeling. Journal of Contaminant Hydrology, 56（1）: 99-116.

Muchitsch N, Van Nooten T, Bastiaens L, et al. 2011. Integrated evaluation of the performance of a more than seven year old permeable reactive barrier at a site contaminated with chlorinated aliphatic hydrocarbons（CAHs）. Journal of Contaminant Hydrology, 126（3）: 258-270.

Noubactep C. 2010. The fundamental mechanism of aqueous contaminant removal by metallic iron. Water Sa, 36（5）: 663-670.

O' Hannesin S F, Gillham R W. 1992. A permeable reaction wall for in situ degradation of halogenated organic compounds[C]//The 45th Canadian Geotechnical Society Conference. Toronto: Ontario.

O`Hannesin S F, Gillham R W, Vogan J L. 1995. TCE degradation in groundwater using zero-valent iron. American Chemical Society, Washington D C.

Obiri-Nyarko F, Grajales-Mesa S J, Malina G. 2014. An overview of permeable reactive barriers for in situ sustainable groundwater remediation. Chemosphere, 111: 243-259.

Obiri-Nyarko F, Kwiatkowska-Malina J, Malina G, et al. 2015. Geochemical modelling for predicting the long-term performance of zeolite-PRB to treat lead contaminated groundwater. Journal of Contaminant Hydrology, 177: 76-84.

Phillips D H, Nooten T N, Bastiaens L, et al. 2010. Ten year performance evaluation of a field-scale zero-valent iron permeable reactive barrier installed to remediate trichloroethene contaminated groundwater. Environmental Science and Technology, 44: 3861-3869.

Ponder S M, Darab J G, Mallouk T E. 2000. Remediation of Cr （VI） and Pb （II） aqueous solutions using supported, nanoscale zero-valent iron. Environmental Science and Technology, 34（12）: 2564-2569.

Powell R M, Puls R W, Blowes D W, et al. 1998. Permeable Reactive Barrier Technologies for Contaminant Remediation.USA: USEPA.

Puls R W, Paul C J, Powell R W. 1995. In situ remediation of ground water contaminated with chromate and chlorinated solvents using zero-valent iron: A field study. USA: American Chemical Society.

Quinn J, Geiger C, Clausen C, et al. 2005. Field demonstration of DNAPL dehalogenation using emulsified zero-valent iron. Environmental Science and Technology, 39（5）: 1309-1318.

Ritter K, Odziemkowski M S, Simpgraga R, et al. 2003. An in situ study of the effect of nitrate on the reduction of trichloroethylene by granular iron. Journal of Contaminant Hydrology, 65（1）: 121-136.

Robertson W D, Cherry J A. 1995. In-situ denitrification of septic-system nitrate using reactive porous-media barriers - field trials. Ground Water, 33（1）: 99-111.

Savoie J G, Kent D B, Smith R L, et al. 2003. Changes in ground-water quality near two granular-iron permeable reactive barriers in a sand and gravel aquifer, Cape Cod, Massachusetts, 1997–2000. Water Resource Investigation Report.

Shields M S, Reagin M J. 1992. Selection of a pseudomonas cepacia strain constitutive for the degradation of trichloroethylene. Applied and Environmental Microbiology, 58（12）: 3977-3983.

Sivavec T M, Horney D P, Baghel S S. 1995. Reductive dechlorination of chlorinated ethenes by iron metal and iron sulfide minerals In ACS special symposium: emerging technologies in hazardous waste management. American Chemical Society, Washington D C.

Su C M, Puls R W. 2004. Nitrate reduction by zerovalent iron: effects of formate, oxalate, citrate, chloride, sulfate, borate, and phosphate. Environmental Science and Technology, 38（9）: 2715-2720.

SWER. 1999. Field applications of in situ remediation technologies: permeable reactive barriers. Solid Waste and Emergency Response.

Szerdy F S, Gallinatti J D, Warner S D, et al. 1996. In situ groundwater treatment by granular zero-valent iron design, construction and operation of an in situ treatment wall[C]//non-aqueous phase liquids （NAPLs） in subsurface environment: assessment and remediation. ASCE: 245-256.

Tiehm A, Mueller A, Alt S, et al. 2008. Development of a groundwater biobarrier for the removal of polycyclic aromatic hydrocarbons, BTEX, and heterocyclic hydrocarbons. Water Science and Technology, 58（7）: 1349-1355.

Turner M, Dave N M, Modena T, et al. 2005. Permeable reactive barriers: lessons learned/new directions[C]//Interstate Technology and Regulatory Council, Washington D C.

USEPA. 2002. Field Applications of In Situ Remediation Technologies: Permeable Reactive Barriers, Washington D C.

Vanstone N, Przepiora A, Vogan J, et al. 2005. Monitoring trichloroethene remediation at an iron permeable reactive barrier using stable carbon isotopic analysis. Journal of Contaminant Hydrology, 78（4）: 313-325.

Vogan J L, Focht R M, Clark D K, et al. 1999. Performance evaluation of a permeable reactive barrier for remediation of dissolved chlorinated solvents in groundwater. Journal of Hazardous Materials, 68（1）: 97-108.

Vogan J L, Gillham R W, O'Hannesin S F. 1995. Site specific degradation of VOCs in groundwater using zero valent iron[C]//American Chemical Society, Washington D C.

Wang C B, Zhang W X. 1997. Synthesizing nanoscale iron particles for rapid and complete dechlorination of TCE and PCBs. Environmental Science and Technology, 31（7）: 2154-2156.

Warren K D, Arnold R G, Bishop T L, et al. 1995. Kinetics and mechanism of reductive dehalogenation of carbon tetrachloride using zero-valence metals. Journal of Hazardous Materials, 41（2-3）: 217-227.

Weisener C G, Sale K S, Smyth D J A, et al. 2005. Field column study using zerovalent iron for mercury removal from contaminated groundwater. Environmental Science and Technology, 39（16）: 6306-6312.

Wilkin R T, Acree S D, Ross R R, et al. 2014. Fifteen-year assessment of a permeable reactive barrier for treatment of chromate and trichloroethylene in groundwater. Science of the Total Environment, 468: 186-194.

Woinarski A Z, Snape I, Stevens G W, et al. 2003. The effects of cold temperature on copper ion exchange by natural zeolite for use in a permeable reactive barrier in Antarctica. Cold Regions Science and Technology, 37（2）: 159-168.

Wright J, Conca J. 2003. Remediation of Groundwater Contaminated with Zn, Pb, and Cd Using Apatite II. In Acta Mineralogica-Petrographica, Abstract Series.

Xin B P, Wu C H, Lin C W. 2013. Bioaugmented remediation of high concentration BTEX-contaminated groundwater by permeable reactive barrier with immobilized bead. Journal of Hazardous Materials, 244: 765-772.

Xu Y, Schwartz F W, Traina S J. 1994. Sorption of Zn^{2+} and Cd^{2+} on hydroxyapatite surfaces. Environmental Science and Technology, 28（8）: 1472-1480.

Yamane C L, Warner S D, Gallinatti J D. 1995. Installation of a subsurface groundwater treatment wall composed of granular zero-valent iron. American Chemical Society, Washington DC.

Yeh C H, Lin C W, Wu C H. 2010. A permeable reactive barrier for the bioremediation of BTEX-contaminated groundwater: Microbial community distribution and removal efficiencies. Journal of Hazardous Materials, 178（1）: 74-80.

Zhu H, Jia Y, Wu X, et al. 2009. Removal of arsenic from water by supported nano zero-valent iron on activated carbon. Journal of hazardous materials, 172（2）: 1591-1596.

Zolla V, Freyria F S, Sethi R, et al. 2009. Hydrogeochemical and biological processes affecting the long-term performance of an iron-based permeable reactive barrier. Journal of Environmental Quality, 38（3）: 897-908.

第四章　PRB 系统设计

一般情况下，在提出 PRB 设计方案之前，需要进行场地特征分析，然后在实验室进行批量试验和柱槽试验，确定活性反应介质并测试其修复效果和反应动力学参数，建立水动力学模型。根据这些参数确定 PRB 的结构、安装位置、方位、尺寸、使用期限、监测方案，并估算总投资费用等。PRB 系统设计主要包括以下步骤（具体设计的基本程序见图 4-1）：①场地初步评估，初步的场地评估包括技术评估、资金评估以及管理可行性评估，这一步是确定 PRB 建设位置的基础，需要详细考察以下信息（具体程序见图 4-2）；②场地特征分析；③活性填料的选择；④室内实验模拟；⑤数值模拟；⑥安装工艺设计；⑦性能监测；⑧经济效益评价。

本章将着重介绍场地特征分析、PRB 技术实验参数获取及数值模拟，安装工艺设计和性能监测在接下来章节中详细叙述。

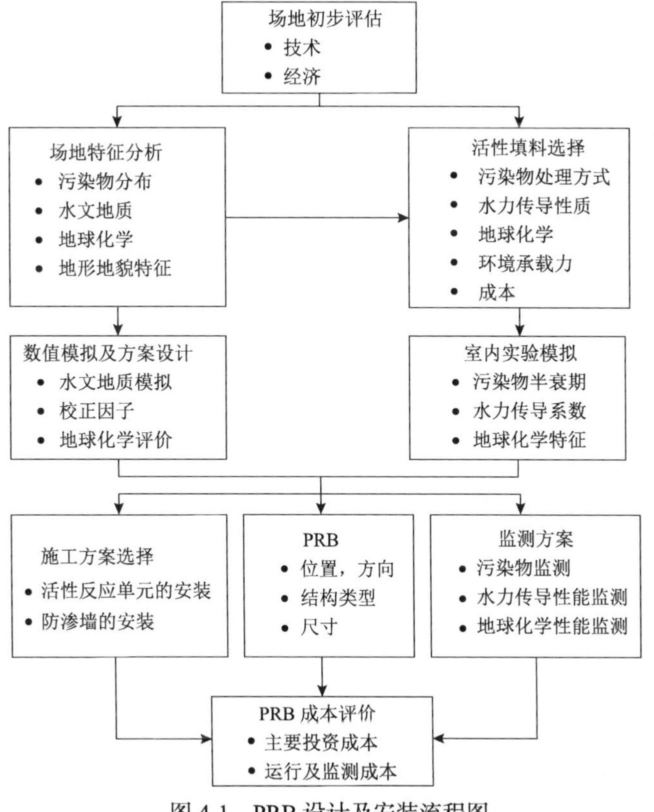

图 4-1　PRB 设计及安装流程图

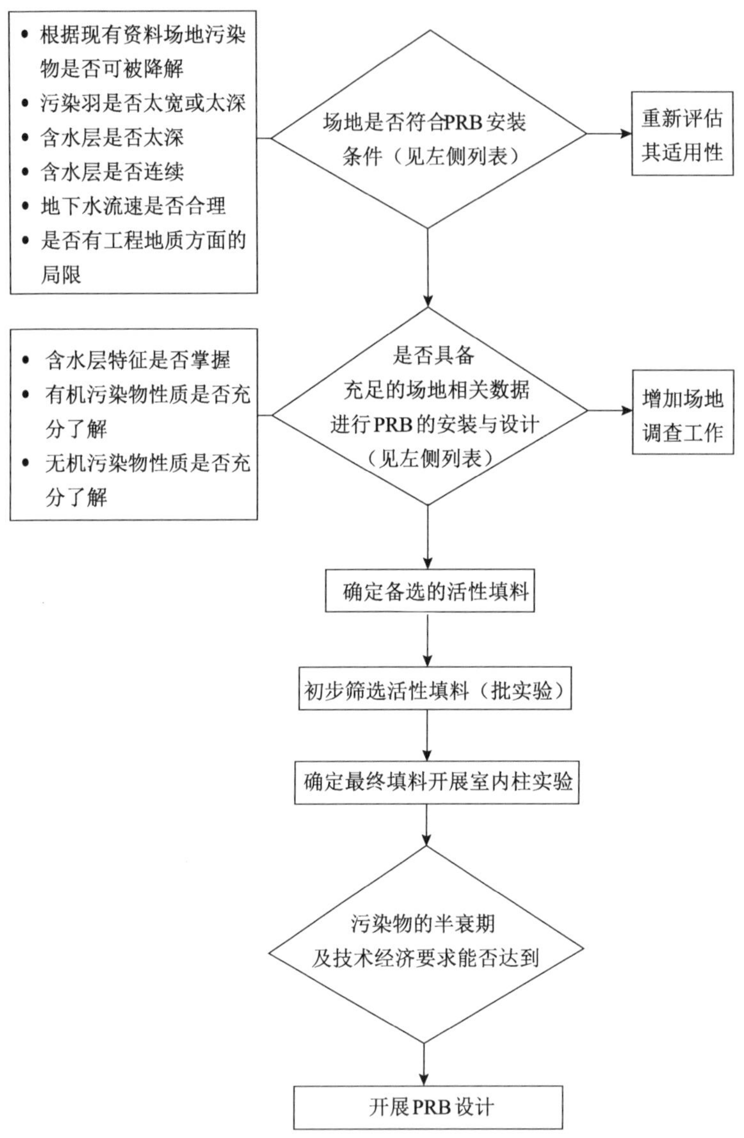

图 4-2　初步评估场地 PRB 安装的可行性（Gavaskar, 2000）

第一节　场地特征分析

与抽出—处理不同，由于施工难度比较大而且花销较多，PRB 在建设后一般不会进行搬迁或修建，所以设计和安装 PRB 之前需对场地特征进行分析，分析的内容包括：①场地的地质、水文地质特征；②污染物在土壤和地下水中的空间分布；③场地地球化学组分；④场地地形地貌特征；⑤目标污染物的种类和组分等。表 4-1 列出评价一个场地是否适合 PRB 技术需得到的主要场地特征参数。

表 4-1　PRB 安装所需的主要场地特征参数

所需项目信息	相关参数	备注
污染物分布	目标污染物浓度（如 TCE、PCE、DCE、VC 及相关重金属）； 采样位置	浅层含水层，可通过多层次布井或网格布井法测定；深层含水层通过带滤管的深层井测定
场地地质、水文地质参数	地层岩性； 水力梯度； 水力传导系数（K）； 土壤颗粒级配； 含水层孔隙度	需要重点关注污染羽附近的水文地质状况。 该项目参数在一些场地可分初步调查和详细调查两步完成
场地地球化学特征	水质参数（如 pH、电导率、DO、氧化还原电位（ORP）等）； 阳离子浓度（如 Ca^{2+}、Mg^{2+}、铁、锰等）； 阴离子浓度（如 SO_4^{2-}、Cl^-、NO_3^-/NO_2^-、OH^-）； TOC 与 DOC； 阳离子交换容量（CEC）	浅层含水层，可通过多层次布井或网格布井法测定；深层含水层通过带滤管的深层井测定
地形地貌特征	第四系沉积物； 地面公共基础设施或其他建筑； 地下公共基础设施或其他建筑	评价 PRB 安装地点的可行性；评估地下特征对 PRB 施工可能造成的困难

一、场地水文地质条件

为协助判断污染物在场地及其周围的迁移能力，需获得场地的地质、水文地质资料，包括场地及周边区域的地形地貌，地层岩性，含水层系统结构，地下水补给、径流、排泄条件，泉和水井的分布，地下水水位、水质动态，流场及其演变，主要的水文地质参数（渗透系数、孔隙度、饱和度），土壤物理化学参数及其空间变化等，同时还需确定污染羽范围及去除目标。

地质和水文地质条件决定着场地地下水流场特征，污染物运移，进而影响着 PRB 的设计。因此场地特征描述的首要任务是获得场地地质、水文地质信息。为获得场地的水文地质条件，需要大量收集已有的地质背景资料及场地信息，并建立初步的场地概念模型。对已有的地质背景资料收集途径有：前期场地研究报告（如场地调查报告、可行性报告、项目规划报告以及地下水模型报告等）中关于场地地质与水文地质的相关信息；充分利用场地及周边已有的水文地质钻孔、监测井和试验井，并适当开展水文地质试验（微水试验、抽水试验、弥散试验等），同时结合地面综合物探方法与水文物探测井资料，以获取场地尺度含水层系统水动力及溶质运移参数。通过对场地水文地质特征、地下水补排特征、地下水流场特征，具体包括地下水埋深、含水层厚度、地下水水流方向、水力渗透系数、水力梯度、导水系数、含水层边界、气候条件（降雨等）和其他条件（如土壤、植被、微生物等）等的描述，建立场地初步概念模型。例如，加拿大原子能有限公司（AECL）在安大略省乔克河实验室 ^{90}Sr 污染场地（Jutta，2015）通过资料收集及试验，对场地特征进行调查，发现含水层下伏前寒武纪片麻岩，饱和带厚度为 5~13 m。在研究区大部分范围内，地层岩性由上到下依次为细砂互层的风积物、河流沉积相的粉质细砂层、细粒到中粒砂层、细砾层、冰碛物和基岩。由入渗试验得到水力传导系数范围为 3.5×10^{-6}~1.2×10^{-4} m/s，平均地下水流速为 100~150 m/a，评价得到场地适合运用 PRB 技术。

（一）局部水文地质条件

前期资料通常只能明确区域性的地质及水文地质条件，经过场地地质和水文地质信息的整合可以建立场地的初步概念模型，模型中也初步涵盖场地尺度的地层结构特征、含水层分布、污染羽分布等信息。这是进一步刻画 PRB 安装位置地质条件的基础，在此基础上，再对安装位置及其附近的地层结构特征进行细化，从而分析含水层的均质性与非均质性，准确判断地下水流向，以确保 PRB 安装位置的正确。但为了满足 PRB 场地可行性研究、安装位置选择及设计有关的其他场地特征参数的需要，通常仍需对场地局部区域开展补充调查工作，以便详细刻画污染羽周边的地质及水文地质条件。

局部场地尺度特征参数的获取其中至关重要的一部分内容是得到不同水文地质结构单元参数。水文地质结构应包括包气带、含水层、相对隔水层和隔水层的岩性、厚度及其变化情况。这些参数的获取可通过收集已有的钻孔、水井、工程勘察孔、坑探、物探等资料，也可通过传统或圆锥贯入仪测试（CPT）、直推式土壤取样钻机（geoprobe）等新型技术进行钻孔和采样。CPT 包含专门进行物理测试（包括尖端压力、孔隙压力、摩擦比）的推杆，通过测量将推杆推入不同位置时的贯入阻力，判断地层岩性变化，确定场地土层的岩土工程性质。同时，推杆还拥有取样的功能；CPT 和 Geoprobe 钻孔也可一次性采集特定间隔深度的地下水水样。

在钻孔采样过程中需要采集能代表地层信息完整的土壤样品，以便完整描述及评价场地地质和水文地质特征。目前，大多采用 CPT 技术来获取沉积物物理属性。通过对样品的分析来测定岩性、矿物组成、土壤颗粒级配、孔隙度等物理参数。钻孔和采样的数量及位置确定前需要对场地均质性进行评估，该均质性的评估则需基于当地水文地质学家们的专业评估和前期可用的地质参数。普遍原则是在地层相对均质的场地，较少的钻孔就能准确地描述场地特性。然而对非均质的场地，则需要大量的钻孔才能确定描述地下特征。同时钻孔布置应综合考虑表层和深部土壤污染分布范围，具体布置方法可依照《污染场地土壤和地下水调查与风险评价规范》（DD 2014—06）（Jutta Hoppe，2015；中国地质调查局，2014），按以下原则进行：

（1）钻孔应主要布置在污染浓度高的区域和污染区域外围地带。在表层污染的区域和物探识别的深部污染区域内布置 1~2 个钻孔。外围钻孔应控制住表层污染区域和深部污染区域的外包络线，原则上包络线的拐点处应有钻孔控制，在包络线拐点稀疏处适当增加钻孔控制。钻孔数量，应视场地规模、污染复杂程度等而定；

（2）对于挥发性有机污染场地，外围钻孔宜由污染边界外推 3~10 m；对于不挥发污染场地（如重金属污染），钻孔宜靠近污染区边界；

（3）布设钻孔时，应充分考虑地下水流场和地下水污染调查的要求，确定钻孔位置。

样品采集按以下原则进行：

（1）土壤污染样品。浅部取样的密度要大于深部；岩性、颜色、结构、含水量、气味突变时取样；岩性厚度较大或位于地下水波动带时加密取样；以便携式仪器现场检测结果，作为土壤样品采集的参考依据；

（2）土壤理化性质样品。应参照《岩土工程勘察规范》（GB 50021—2001）（中华人民共和国建设部，2002）及污染样品检测情况采集；

（3）地下水样品。采用无水钻进方法揭露地下水后，应立即采集地下水水样，并现场测量有关的水化学指标。

获得野外和实验室数据后，应绘制场地具有代表性的水文地质结构剖面，剖面图中应包含场地的岩性变化，浅层和深层地下水之间的水力联系，地下水水头等，图 4-3 为某场地 PRB 工程场地水文地质剖面图的示例。

（二）地下水补排特征

地下水补给条件包括降水、人工回灌、地表水等因素，可通过收集场地所在地区的降水量及其水化学变化资料（年、月），调查灌溉制度，收集或观测地表水水位、流量、水质变化资料，分析地表水与地下水的相互关系。

地下水排泄条件包括蒸发、开采、径流、泉流量等因素。应主要收集场地所在地区的蒸发量变化资料（年、月）；获取地下水开采利用信息；收集或观测地下水水位、泉流量及水化学变化资料。

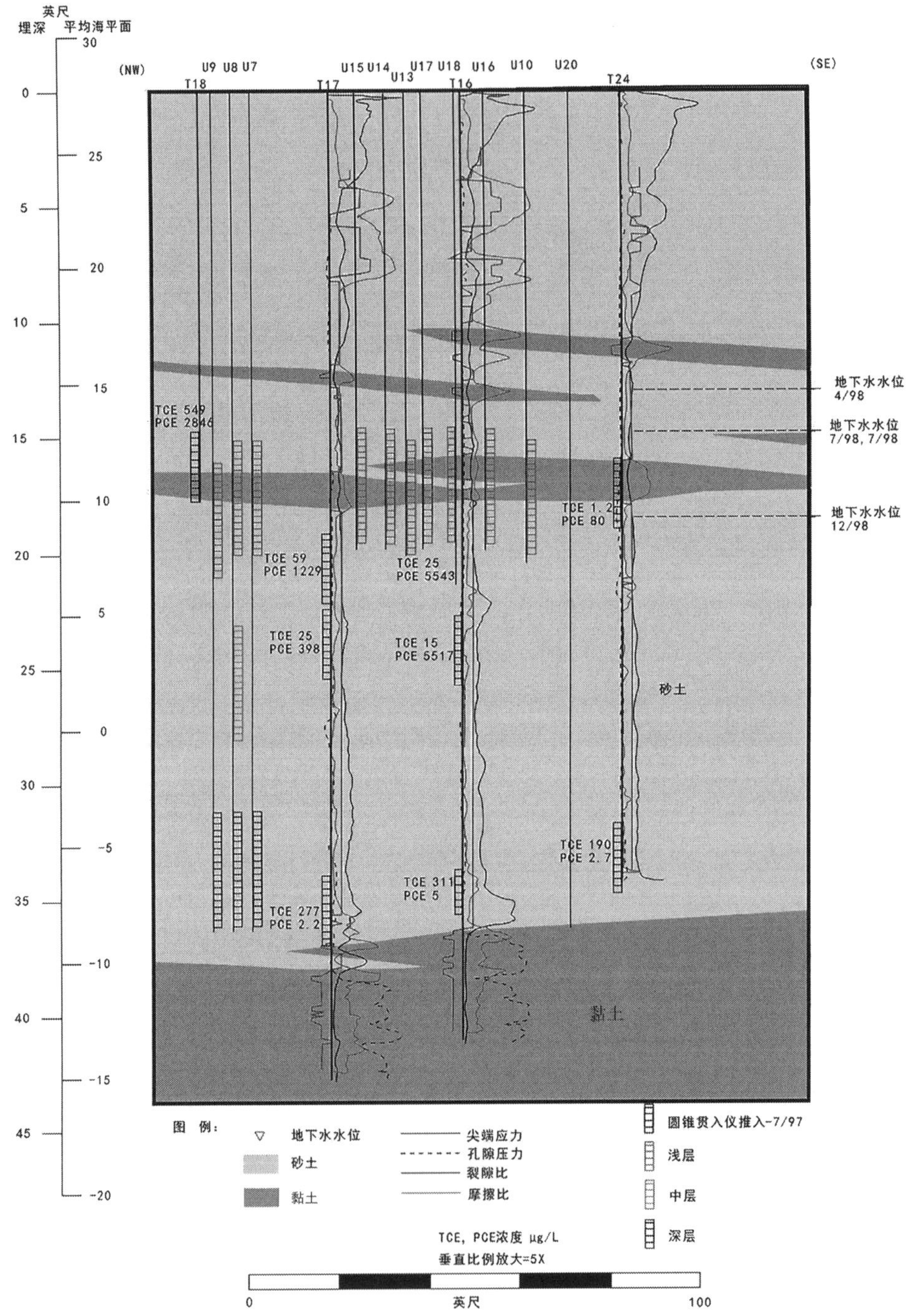

图 4-3　水文地质结构剖面图（Gavaskar *et al.*，2000）

（三）地下水流场特征

地下水流场特征包括地下水埋深、地下水位标高、地下水流向、水力梯度及其动态变化。当污染可能穿越多个含水层时，还要考虑地下水流场空间变化特征。

若依据已有的资料不能确定场地地下水流场的特征时，应专门布置钻孔。首先以三角形布置 3 个钻孔，初步确定地下水流场，其余宜平行或垂直地下水流向布置。钻孔数量，视场地条件确定，最少不低于 3 个每平方千米。若需要了解不同埋深含水层的地下水流场特征，还应建造多级监测井予以观测。待钻探完成后，需测量孔口标高、地下水埋深，计算地下水位高程，基于地下水位测量资料绘制等水位或等势线，地下水流向垂直于等水位线或等势线，绘制地下水等水位线图，确定地下水流向、水力坡度等流场特征。通常对于简单的地下水流场，地下水流向可以通过三点取样法确定；对大多数场地，地下水流向则需要依据地下水等水位线图来准确的获得。

地下水流场特征决定了 PRB 安装过程中反应单元的捕获区和 PRB 墙体的位置、方向及大小，对 PRB 的设计尤为重要。在 PRB 安装前，可借助示踪实验或通过钻孔直接测量获得含水层性质，并借助达西定律估算地下水流速和方向。达西定律是获得地下水流速最普遍的方法，利用该方法可大致估算地下水流速，地下水平均流速可表示为

$$v_x = \frac{K}{n_e}\frac{dH}{dl} \tag{4-1}$$

式中，v_x 为平均地下水流速（L/T）；K 为含水层的渗透系数（L/T）；dH/dl 为水力梯度；n_e 为有效孔隙度。

二、污染物分布

在 PRB 设计中，许多设计参数取决于污染物的分布情况，因此为了准确的确定 PRB 的安装位置，需要清楚目标污染物的分布情况。场地地下水污染特征，污染物在地下水系统的存在形式（溶解相、NAPL 相）、地下水污染可能的垂向和水平分布范围及相互联系（是单个污染源，还是多个地下水污染源），地下水污染特征指标等可依据水土样调查和检测结果以及污染物性质分析判断得出。

污染物的分布主要包括污染物空间和时间的分布。污染羽的空间分布包括水平和垂直范围，依据主要污染组分物理化学性质（溶解性、密度等）、地下水系统特征及污染物浓度监测信息，分析污染物在地下水中的存在形式（NAPL 相、溶解相）及位置，对照场地背景值，确定主要污染组分在平面和垂向上的分布范围。

污染物浓度监测信息是确定污染物在地下水中分布的重要依据之一，因此可通过布设监测井的方式进行相关资料的获取，其中监测井的位置非常关键。监测井的布置应以地下水污染源区中心为起点，沿地下水流向（纵向）和垂直地下水流向（横向）各布置一条剖面，每条剖面至少布置 3~4 口监测井。在地下水污染羽估计范围的纵、横边缘均应布设监测井控制。监测井的深度应根据场地含水层系统结构特征（如黏性土厚度、优势通道大小）、污染物性质等确定。若布置的监测井不能控制地下水污染羽的范围，应补充监测井。补充的监测井数量应与地下水污染羽规模、不均匀分布程度相适应，补充的监测井位置应根据纵横方向污染物浓度梯度进行布置。圈定地下水污染羽范围时，监测井布置的步骤及方法如图 4-4 所示。

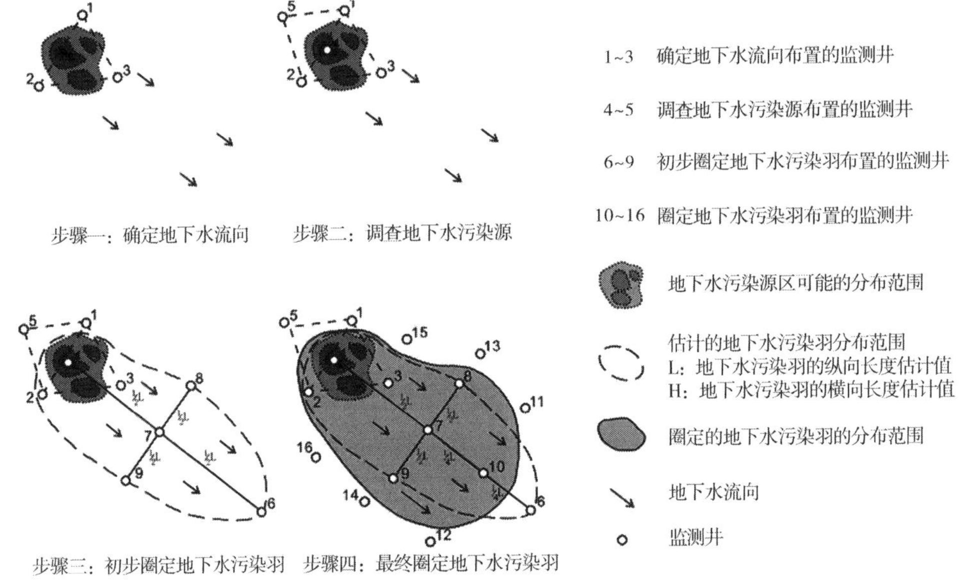

图 4-4　圈定地下水污染羽范围监测井布置的步骤及方法

根据监测信息收集不同点位污染物浓度或是调查与污染羽相关的历史资料，绘制目标污染物分布图，有助于合理设计 PRB，确定相关设计参数，高效捕获污染羽。特别是绘制污染物 3D 分布图，可获知污染物的空间分布，更准确地定位和捕获污染羽。3D 图的绘制需要识别污染物在含水层中的位置、污染羽的深度和宽度、平均及最大的污染物浓度以及污染物移动的速率等信息。此外，还需鉴别弥散度等可能影响污染羽扩散的参数。

对污染羽延伸范围的估计即采用水动力弥散法、物探方法、地下水污染模拟方法估计污染羽延伸范围，并视场地情况选择适宜的估计值。

（1）水动力弥散法。利用场地含水层渗透系数（K）、水力梯度（i）、有效孔隙度（n_e）、土壤容重（ρ）、污染物在水—土间的分配系数（K_d）、纵向弥散度（α_l）、横向弥散度（$\alpha_h=\alpha_l/10$）、地下水被污染的时间（t），按以下两种方法计算地下水污染羽纵向、横向弥散距离：

①纵向弥散距离为$l=2\sqrt{\frac{10s}{\pi}}$，横向弥散距离为 $l/10$（其中，$s=\frac{1.1\alpha_l K\cdot i}{n_e\cdot R_f}\cdot t$，滞后因子$R_f=1+\frac{K_d\cdot\rho}{n_e\cdot}$）；

②纵向弥散距离为$l=\frac{K\cdot i}{n_e\cdot R_f}\cdot t$，横向弥散距离为 $l/10$。优先采用第一种方法。

（2）地球物理勘查方法。利用二维或三维高精度地球物理勘探方法（如地质雷达、高密度电阻率和电导率成像等），探测地下介质的介电常数、电阻率等参数变化，识别地下水污染平面及垂向展布范围。

（3）地下水污染模拟方法。在调查资料满足情况下，可采用计算机模拟的方法估算地下水污染羽扩散范围。

尽管在描述场地特征条件时描述了污染物空间分布现状，但仍需要监测污染物随时间变化的情况，来预测 PRB 附近污染羽形状及污染物浓度的改变。如果污染物浓度随时间变化很大，则 PRB 中的活性填料可能不足以将污染物修复到目标值；如果污染羽的形状随时间变化很大，污染物则有可能扩散至 PRB 的外围。预测污染羽形状以及污染物浓度随时间变化难度较大，需要在 PRB 设计过程中对不同设计场景和合理的影响参数进行评价，而不是仅仅根据场地特征来进行预测。对上游污染羽和污染源的调查可以对未来污染可能的变化提供初步预测与指示，故在 PRB 拟安装位置上游，需测定目标污染物的最大浓度，同时即使获取前期污染羽分布范围和不同点位的污染数据也是有一定的帮助。

三、地下水地球化学特征

场地特征调查中的水质参数，如地下水的温度、pH、DO 或 ORP、Eh、水的含盐量及导电性、相关阴阳离子及化合物含量、BOD、COD 等，决定了活性介质在地下水环境中是否容易形成沉淀，对其化学反应活性有重要影响。依据《地下水质量标准》（GB 14848—1993）（中华人民共和国地质矿产部，1993），监测频率不得少于每年两次（丰、枯水期），可根据季节的变化来设置测定频率。除场地参数外，地下水主要组分也会与活性介质发生潜在的反应，包括 Ca^{2+}、Mg^{2+}、Fe、Mn、Ba、Cl^-、F^-、SO_4^{2-}、NO_3^-和碳酸根（碱度）等。具体水质参数及地球化学参数详见表 4-2。

PRB 填料与污染物反应受到地下水系统氧化还原状态的影响。地下水中 ORP

主要取决于通过循环进入该系统的氧量，以及通过细菌分解有机物所消耗的氧量，或氧化低价金属硫化物、含铁的硅酸盐和碳酸盐所消耗的氧量。就水化学特征而论，地下水氧化环境的标志是水中 SO_4^{2-}、NO_3^-、H^+浓度高；还原环境的标志是水中 Fe^{2+}、Mn^{2+}、HS^-和 NH_4^+浓度高，HCO_3^-浓度也较高。当水的 ORP 为负值时，一般称这种水处于还原状态；水中的 ORP 负值越大，其还原性越强。地下水系统中，消耗氧的氧化还原反应，多半发生在地下水面以上的包气带里。这种反应的结果是，使某些成分增加，如 SO_4^{2-}、NO_3^-、H^+等；产生某些沉淀，如 $Fe(OH)_3$、MnO_2等，使有关成分的浓度降低。产生的沉淀可能附着在 PRB 活性填料的表面，或是堵塞 PRB 中的孔隙，严重影响 PRB 的性能，降低其降解污染物的能力。一些有机污染物的降解需要氧气的参与，如水中有含氧阴离子，如 NO_3^-、SO_4^{2-}，或者包气带及含水层中有高价的铁锰化合物，如 $Fe(OH)_3$、MnO_2，它们可代替氧气作为氧化剂。

表 4-2　水质参数及无机分析项目

分析项目/参数	采样体积/mL	储存容器	前处理方法	样品保存时间/d
场地参数				
地下水位	—	—	—	—
pH	—	—	—	—
地下水温度	—	—	—	—
氧化还原电位 ORP	—	—	—	—
溶解氧 DO	—	—	—	—
电导率	—	—	—	—
浊度	—	—	—	—
无机组分分析				
金属（K^+、Na^+、Ca^{2+}、Mg^{2+}、Fe、Mn、Ba）	100	聚乙烯瓶	过滤，4℃，pH<2（HNO_3）	180
阴离子（NO_3^-、SO_4^{2-}、Cl^-、Br^-、F^-）	100	聚乙烯瓶	4℃	28（NO_3^-48 小时）
碱度	100	聚乙烯瓶	—	14
其他				
总溶解固体（TDS）、总悬浮固体（TSS）	100	聚乙烯瓶	4℃	7
总有机碳（TOC）、总溶解性碳（DOC）	40	玻璃瓶	4℃，pH<2（H_2SO_4）	7
溶解性硅	250	聚乙烯瓶	—	28

第二节　PRB 技术实验参数获取

在获取场地信息及确定拟选用的活性介质后，接下来需要进行实验室小试以评价活性填料的特性，室内可以帮助获得以下 PRB 技术信息：

（1）筛选并确定 PRB 反应区的活性介质；

（2）评价降解反应中污染物的半衰期；

（3）确定 PRB 反应区的水力性质；

（4）评价活性填料的寿命。

针对 PRB 技术进行实验室小试以获取相关技术参数是 PRB 技术设计的重要手段之一。例如，北卡罗来纳州 PRB 场地处理 TCE 和 Cr（Ⅵ）污染的地下水（Wilkin *et al.*, 2003），针对反应材料的选择，设计者专门抽取了区域内的地下水进行试验。在监测井中测得的 TCE 和 Cr（Ⅵ）的质量浓度分别为 750 μg/L 和 8 mg/L，利用批量试验和圆柱试验，设计实验方案两者质量浓度分别为 2000 μg/L 和 10 mg/L。在经过批量试验和圆柱试验后，发现零价铁颗粒混合物对去除 TCE 和 Cr（Ⅵ）的效果很好，因此最终采用零价铁作为反应材料，其中铁颗粒的设计粒径为 0.4 mm，表面积为 0.8~0.9 m^2/g。为解决澳大利亚 Lower Shoalhaven 平原地区硫酸盐土壤污染，在 Lower Shoalhaven 平原地区 Bombaderry 镇附近，建立了一个中试规模的PRB（17.7 m×1.2 m×3 m），墙体内填充粉碎的再生混凝土（d_{50}=40 mm）（Indraratna *et al.*，2014）。设计者采用室内柱实验方式确定了 PRB 有关参数。利用蠕动泵控制柱实验恒定流量为 1.2 mL/min，两个柱子同时进行实验并分别用于抽取水样和测定压力，以消除抽样引起的柱体内水压力变化。采用透明的丙烯酸柱（内径 5 cm，长度 65 cm）构建饱和柱体，首先装填 10 cm 石英砂，再依次装填 50 cm 粉碎再生混凝土和 5 cm 石英砂。具有化学反应惰性的纯净石英砂放置在柱体顶底处可起到有效过滤地下水的作用。流经柱体的水样成分与实际场地水样成分相似，水流自底向上流动，在柱子上每间隔 10 cm 距离设置采样点进行采样，利用 ICP-MS 和 AAS 等方法对水样进行化学分析。实验结果表明进水端由于堵塞孔隙度减少最多（4%），随着距离增大孔隙度减少量降低，在出水端附近孔隙度下降约 0.5%。与孔隙度变化趋势相同，进水端水力传导系数降低 34%，出水端降低 4%。同时，实验表明再生混凝土能够保持溶液为中性，具有较长寿命，并能够去除 100%的 Al 和 Fe。

众多案例和前人工作经验表明，实验室小试工作对 PRB 技术的设计是至关重要的，因此本节将针对室内批实验、柱实验等小试的设计原则和需要考虑的实验参数等展开介绍。

一、批实验设计

实验室静态实验即批实验，将拟选的活性填料与污染物介质混合于反应瓶中，振荡，待反应达到平衡后，测定溶液中污染物的浓度，建立样品中污染物浓度与时间的变化关系，并计算活性填料对污染物的吸附性能。

批实验可快速、廉价地对拟选填料进行初步筛选。然而因实验反应条件简单，静态实验没有考虑到实际应用场地的水文地质状况，将批实验结果外推到动态水流条件时往往不准确，所以应借助柱动态实验来获取填料应用于场地时更多的 PRB 设计参数。

二、柱实验设计

相比于批实验，柱实验对 PRB 的参数设计更能提供切实可靠的参考，评估不同介质对污染物的吸附、降解能力。其主要表现在以下几个方面：

（1）PRB 设计参数的确定应在动态水流条件下获得。污染物的浓度以及溶解的无机矿物组分在流动经过 PRB 反应介质时会发生变化，这种变化可以通过在柱体设置均匀采样点，并间隔取样的方法来测定水流动经过 PRB 活性填料前后污染物及溶解无机矿物组分的浓度；

（2）相对于批试验，柱实验测定的污染物半衰期更可靠；

（3）柱实验能更好地反映模型非线性吸附的情况；

（4）在批试验反应体系中，无论何种活性填料，均更倾向于在反应体系中的累积，但是在柱实验中，由于存在不断流动的模拟水流，有可能使填料向反应区以外扩散。因此柱实验模拟实验条件，更能代表实际场地的情况。

根据不同实验阶段，可分别采取指定目标污染物浓度的去离子水、指定目标污染物浓度的未污染地下水，以及实际场地污染的地下水水样等，开展关于所选取的 PRB 反应介质运行可行性测试。在反应介质筛选阶段，通常采用含目标污染物的去离子水；而其他参数的处理测试，可采用含目标污染物的未污染地下水或已污染地下水水样，以便更好地选择填料。

柱实验的主要目的之一是测定污染物反应降解的半衰期，对于反应介质的选择和实际 PRB 工程的厚度设计起到指导作用。

（一）柱实验搭建

柱模拟 PRB 实验可设置多组实验，包括一组空白对照实验，柱中装填粗粒石英砂，其他组实验装填介质拟选 PRB 反应介质填料。每组实验又设计多个处理柱，包括不同污染物种类，不同污染物浓度等。柱实验装置设计见图 4-5，每根柱的主体上均设不同位置的采样点。柱体选用的材料可为玻璃、树脂玻璃、不锈钢或其他合适的材料。严格地来说，柱体所选用的材料不能与污染物发生反应。在装填柱子时，需保证反应填料均匀分布于柱体中。此外，在反应填料的底部和顶部可铺设砂砾以保证柱体中稳定的水流环境。柱中填料的密度以及孔隙体积（进而可得到孔隙度）等参数可通过测定反应介质的质量获得。

柱实验供给的水样装于可折叠特氟龙袋中（或其他合适材料），通过蠕动泵将水样由下往上流入柱中，以模拟低速水流，并减小柱中气体对流场的干扰。采样口处的装置应保证不透水、不透气，可采用尼龙铁锁以方便随时取样；取样针应嵌入柱中，并到达柱的正中间。

当污染物稳定分布于柱中以后，可在柱中不同位置的采样点进行取样分析。污染物稳定分布于柱中的时间跟很多因素有关，如当污染水样流入较大孔隙的柱子时，污染物稳定分布于柱中则需要更长时间；污染物在柱中稳定分布的时间也与污染物的种类有关，例如，相较于受 TCE 污染的水体，受 PCE 污染的水体在柱中需要更久的时间才能达到稳定分布。

取样时，柱中的注射器需与软管连接，取样时应慢速并少量以保证最小限度地扰乱柱中的流场。大多数的柱实验在实验室常温下进行，但需要注意的是室内温度也可能会影响活性填料与污染物之间的反应速率。

如果实际场地地下水流速比较稳定，则柱中所模拟水流速需要与实际场地可能达到的流速接近。Gillham 等（1992）研究发现在 59~242 cm/d 流速范围内，其对降解速率的影响较小，流速可能不是影响柱实验效果的关键因素，因此可首先通过柱实验确定污染物的降解速率，再根据场地调查结果估计地下水流速，来设计 PRB 的反应区厚度。

取样时，需要按一定时间（每 5~10 个孔隙体积的水量）测定污染物在柱中的浓度分布情况，并分析流入、流出及在柱体中的各浓度数据。在流入与流出处，需要同时测定无机组分，如主要的阳离子（Ca^{2+}，Mg^{2+}，Na^{+}，Fe^{2+}，Mn^{2+}和 K^{+}）、主要阴离子（Cl^{-}，SO_4^{2-}，NO_3^{-}，NO_2^{-}和 SiO_3^{2-}），以及碱度（HCO_3^{-}）。

实验室内水样的分析方法与在场地调查过程中地下水水样的分析方法相同。阳离子通常用电感耦合等离子体质谱仪（ICP-MS），阴离子用离子色谱法测定（IC）。ORP 和 pH 用合适的探测器测定（通常为组合电极）。ORP 和 pH 的测定，可以将电极插入柱体合适的位置直接测定，也可以在取出的水样中迅速测定。

只有当水样为缓冲体系或含有足够浓度的强酸、强碱时，才能准确测量其 pH。大多数地下水水体接近中性或是微碱性，当水中溶解了金属化合物时 pH 可能升高到 9 以上。当 pH 为 6~8，且柱体中为非缓冲体系，最难获得水样 pH 的精确读数。同样，只有相对于电子转移反应的缓冲体系，可通过铂电极精确测定 ORP 的读数。因此，要准确测量 ORP 和 pH 需尽可能减少水样与空气的接触。

DO 无法在离线情况下测定，并且需要一个在线的探测器以排除大气中溶于水体的部分氧气。当 ORP 为负值，且在平衡时水中含有高浓度的还原性金属离子，如铁或锌时，DO 的浓度通常可忽略不计。因此在柱实验中，当 ORP 可以准确测定时，DO 的测定可以忽略。

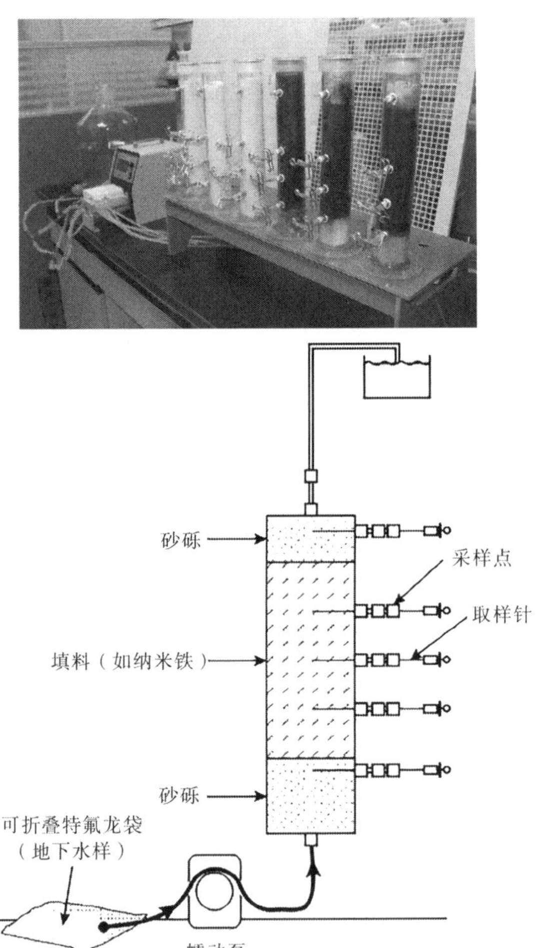

图 4-5　柱实验模拟装置图

（二）活性填料区水力性质测定

设计 PRB 活性填料区需要的水力性质包括：渗透系数（K）、孔隙度（n）和密度（B）等。K 值需要借助地下水通过活性介质的流速和停留时间来获取。实验室中可通过柱实验模拟，利用达西定律，估算出 K（L/T）的值：

$$K = \frac{V \cdot L}{A \cdot t \cdot h} \tag{4-2}$$

式中，V（L^3）为时间 t（T）内流过介质区域的体积；L（L）为渗流途径；A（L^2）为横截面积；h（L）为水头损失。

需要注意的是，柱实验中填料是否均匀分布对 K 值影响较大，应保证其均匀性。为 PRB 设计方便，K 值单位通常设定为 m/d。

当知道地下水流速后，需要通过反应介质的孔隙度（n）来估算反应介质区的流量，进而估计 PRB 可捕获污染物的范围。

通过反应填料的密度（B）可初步估计反应区所需填料的质量。孔隙度和密度等参数的获取，可通过在反应介质填充到柱子之前，称量所需填料的质量获得。

另一种确定 K、n 和 B 三个参数的方式是将购买的反应介质样品送至专门的岩土实验室进行常规分析。由于不同供应商提供的同一类型反应介质（如粒状铁）可能会有不同的颗粒形状和尺寸分布，因此选送测定的反应介质样品应分布均匀且具有一定代表性。

由于 PRB 墙体的安装以及反应介质充填方式的区别，实际场地中这些参数的取值和实验室测量结果可能有所不同。但实验室内测量结果提供了一个相对良好的 PRB 初始设计基础，仍具有重要意义。

（三）活性填料寿命评价

柱实验中，反应物的半衰期可以用于指示活性填料用于特定场地地下水修复时的时效性。在测定目标污染物的同时，也可测定水中其他物理和化学参数（如 pH、ORP）随其在柱内停留时间的变化。例如在铁基介质中，随着水的运移，柱中会逐渐出现更大范围的厌氧环境，ORP 降低，pH 升高。通过测定水在流入及流出时水中阴离子（SO_4^{2-}，NO_3^-，Cl^-）、阳离子（Ca^{2+}，Mg^{2+}，Mn^{2+}）的浓度，如果溶解性的 Ca^{2+}或 Mg^{2+}在水流入柱中后浓度有所减少，则暗示填料区可能有沉淀形成。换言之，通过比较流入与流出时水中的无机参数，可以为活性填料的选择及寿命评价提供较全面的参考。

活性填料寿命评价的另一种经济快速的方法是通过柱实验加速水流的方法获得。该方法虽然不会直接用于 PRB 参数设计中，但是提供了一种加快活性填料老化的途径，即加快水样在柱中的流动速度。这种方法的优势在于可以在短时间内让更多的水流过活性填料，以达到模拟 PRB 运行若干年后的效果。

在进行加快水流速度方法实验之前，首先需给定场地条件下的地下水流速，用来测定特定场地条件下污染物的降解速率。随后，再增加水流速度以加速活性填料的老化过程。在老化的过程中，地下水中的组分（如 DO，阳离子，阴离子）

可能会沉淀析出，并包裹在活性填料和反应介质吸附位点的表面。对于低速水流与高速水流交替进行的情况，当低速水流地下水达平稳状态时，需要测定反应速率、孔隙度损失、无机组分和反应产物。

然而，将实验室数据推算到实际场地并不简单，需要考虑各种环境因素。尽管柱实验中通过加速流来模拟活性填料的老化过程存在着很多的局限性，但可能也是获得活性填料长效性经验值的唯一方法。

第三节　数 值 模 拟

随着计算机和数值方法的发展，数值模拟手段已经逐渐成为地下水研究领域一种不可或缺的重要方法，并受到越来越多的重视和广泛的应用。地下水数值模型能够有效、灵活并相对廉价地处理水流和溶质反应运移问题，利用数值模拟技术，能够预测 PRB 安装前后地下水流场和浓度场的时空分布变化情况，分析不同因素对 PRB 处理系统的影响，为指导 PRB 的设计、安装、运行及优化提供了参考。最近几年，国外在利用 PRB 技术原位处理污染物的现场试验工程中，有众多结合数值模拟手段的应用案例，并取得了良好的效果。Obiri-Nyarko 等（2015）采取一维地球化学模拟软件 PHREEQC，模拟 PRB 反应区活性填料沸石在离子交换、吸附、络合作用以及 pH 变化等因素下对 Pb^{2+}运移和去除效果的影响，模拟结果与实验观测基本一致，据此推断沸石的性能，发现在大约第 3 天时达到饱和吸附量。该研究表明沸石能有效去除污染水体中的 Pb^{2+}；PHREEQC 能合理预测短期和长期沸石填料 PRB 的适用性，协助实际场地 PRB 的设计和管理。Xu 等（2012）利用研发改良的 MODFLOW 和 MT3DMS 程序来模拟 PCE 及其链式反应产物的动力学反应，其中敏感性分析表明，反应活性和渗透性的降低会显著影响修复效果。Zingelmann 等（2015）基于 FEFLOW 有限元数值模拟软件，模拟地下水流场（图 4-6），同时考虑地下水流速和流向，结合地下水水流模拟结果和 PHREEQC 设计了 PRB 合理的安装位置、尺寸、行为和有效性，以遏制矿山开采的污染。模拟结果表明，要使 U 的总体背景值降低到 200 ppm 至少需要 6.67 mmol/L 的铁；若假定 PRB 运行时间为 25 年，则需要 2.3 kg/m^2 的铁。

PRB 的数值模拟方案设计通常包括以下几个方面：

（1）水文地质模拟。水文地质模拟结果能够指导并优化 PRB 的安装位置、结构类型、宽度及合适的方向等，以保证有效捕获更大范围的污染羽。

（2）PRB 活性填料区厚度设计。活性填料区的厚度代表地下水流入活性介质的路径长度，该厚度保证了污染物在活性介质区有足够的停留时间以将污染物修复到既定的目标值，该参数由经过 PRB 活性填料介质区污染物的半衰期和地下水流速决定。

图 4-6　含水层结构网格剖分

（3）地球化学评价。地下水中的组分，例如 DO、钙离子浓度，溶解性硅，碳酸盐等，均有可能与活性介质发生反应，在其表面形成沉淀。长期的监测中，沉淀会导致 PRB 失活或渗透系数降低。因此，需要评价场地水文地球化学参数以及这些组分参数对活性填料寿命的潜在影响。

（4）数值模拟不确定性分析。由于自然水文过程的复杂性，且受气候变化和人类活动影响，地下水模型和实际地下水系统的行为存在一定差异，严重影响了数值模拟结果的不确定性。

本节将基于以上几方面，对 PRB 工程中数值模拟的应用展开介绍，进而指导工程设计方案。

一、水文地质模拟

水文地质模拟是 PRB 设计中非常重要的部分。数值模型可分析含水层及反应介质的水力特性，主要体现以下几方面的作用：

（1）根据地下水流、污染羽的流动方向、场地特征如场地边界、地面建筑物以及地下建筑物来确定 PRB 合适的安装位置及结构特征；

（2）确定反应单元的宽度、漏斗门结构设计中用于捕获地下水的漏斗宽度；

（3）估算地下水流经反应单元的速度；

（4）确定 PRB 系统及含水层中合适的地下水监测点位；

（5）评估可能存在的问题，如地下水流向及流速的紊乱；地下水或污染羽下溢、越流或侧流；以及水文地质参数随时间发生的变化等。

尽管用于 PRB 工程设计的计算机模拟软件很多，但在数值模型构建的基本步骤则是相似的。常见的模拟软件有：Groundwater Modeling System（GMS）、Visual

MODFLOW 和 Groundwater Vistas（GV）等，这些商业软件本身具有友好的图形界面，同时采取模块化设计，包含了 MODFLOW、MT3DMS、RT3D 等多个水流和溶质运移的软件包，可建立地下水流场及溶质运移模型。此外，也可结合 PHT3D 反应运移模拟软件，处理污染物的迁移转化以及 PRB 填料与污染物组分间的复杂化学反应，预测 PRB 的修复效率和寿命。

PRB 工程设计中数值模拟技术的运用能够模拟地下水流场，研究目标污染物在含水层中的迁移行为及影响规律，进而揭示其在地下水环境中的转化过程及机理。同时，经校正后的数值模型可以预测污染物自然衰减速率及其他无机离子在地下水中的时空分布规律，确定示范区注射井影响半径，优化风险评估等参数。

模型建立分为以下几个步骤：

第一，建立概念模型。即明确物理过程与渗流场的特点，将实际场地水文地质条件与 PRB 工程条件合理概化并进行网格剖分。连续的区域剖分成为有相互关联的离散网格，便于模型计算渗流问题。对于一些特殊条件的区域，如断裂带、PRB 安装位置等材料性质突变的区域，需要进行网格剖分的加密处理，以期更准确地描述在特定区域的流场变化情况。

第二，确定模型范围与边界条件。如上部边界，应考虑降雨入渗与蒸发过程；四周边界，需通过地下水的季节变化情况，以及 PRB 运行对边界的影响，确定边界条件类型；底部边界，考虑是否可以设置为隔水边界；考虑注射型 PRB 的复杂边界条件的处理方式，以及隔水漏斗-导水门型 PRB 中漏斗边壁的边界条件设置。

第三，设置参数。对于大的裂隙，其水文地质参数要注意单独考虑。一般区域通常假定为连续介质模型，相关参数包括饱和带或非饱和带的水文地质参数，如渗透系数、孔隙度、饱和度、入渗量与蒸发量的参数值等。除了基本的水文地质参数，还需关联 PRB 工程相关的参数，如填料区的渗透系数、反应单元宽度、表征填料活性的化学反应参数等。

第四，明确初始条件。初始条件根据数值模型分析问题的不同，也有所差异。对 PRB 施工期而言，天然的地下水渗流场就是其初始条件；而对 PRB 运行期而言，其初始条件即施工期结束的时间。当地下水流场达到稳定状态时，计算与初始条件无关，均以稳定流场作为初始条件。

第五，选择计算模型。地下水中污染物的迁移与转化是物理、化学和生物效应综合作用的结果，具体来说包括对流、弥散、扩散、吸附沉淀、降解以及氧化还原反应等，针对不同研究目的选择不同计算模型。在 PRB 工程设计初期，利用 MODFLOW、MT3DMS 等模块模拟得到地下水流场和污染物时空分布情况，据此设计 PRB 活性填料区的厚度，并比较计算结果和实际数据，讨论设计方案的可行性和可靠性，指导 PRB 工程施工。PRB 运行后，结合 RT3D 或 PHT3D 溶质反应运移模块，分析 PRB 安装对于地下水流场和污染物时空分布的改变，预测污染物在吸附、降解及氧化还原反应等化学和生物过程中的消耗情况和活性填料的化学反应速率，为指导 PRB 的后期维护提供参考。

第六，模拟结果后处理整理。经过模型计算，可对研究区渗流场和污染物浓度场的基本特点进行描述。对于 PRB 填料区、止水帷幕等关键位置，也可进行一些参数敏感性的计算和模型不确定性分析，丰富研究内容。

二、活性填料区厚度设计

反应单元厚度的设计需要满足目标污染物通过 PRB 活性填料区后，可达到处理要求，主要由污染物的半衰期（停留时间）和地下水流速确定：

$$L = v \cdot t_w \tag{4-3}$$

式中，L 为 PRB 活性填料区厚度；v 为地下水流速；t_w 为停留时间。其中，水文地质条件模拟可以确定流入反应单元的理想地下水流速 v，它与反应单元内的水力传导系数为正相关；t_w 与活性填料的化学反应速率相关，以保证有充足的反应时间来降解污染物。

将实验室模拟的数据应用于实际场地时，由于场地的地下水温度和容积密度经常有别于实验室所模拟的情况，为确定反应单元宽度还需要对相关系数进行修正。实际场地的地下水温度（通常为 10℃）往往低于实验室柱实验的温度（通常为 20~25℃）。经验上讲，温度较低时地下水在反应单元中的停留时间一般比温度较高时要长些。有研究者提出（Barbash *et al.*，1990）可以用阿伦尼乌斯公式（Arrhenius equation）来研究温度对有机物降解速率的影响。阿伦尼乌斯公式表达如下：

$$k = A\mathrm{e}^{-E/RT} \text{ 或 } \ln k = \ln A - \frac{E}{RT} \tag{4-4}$$

式中，k 为速率常数；A 为频率因子；E 为反应活化能，单位 J/mol；R 为摩尔气体常量，单位 J/(mol · K)；T 为热力学温度，单位为 K。

据此式作实验数据的 $\ln k \sim 1/T$ 图为一直线，其斜率为 $-E/R$，截距为频率因子 A。根据实际数据，拟合方程，获得斜率和截距从而可推算出在实际场地温度下，反应可达到的速率。

场地中 PRB 反应单元内的容积密度通常会低于实验室柱实验模拟时得出的容积密度，这主要是由于活性填料填埋方式的不同。因此，场地每单位体积地下水对应的活性填料的表面积可能会低于柱实验中测定的活性填料表面积。此外，污染物的降解速率与接触到的活性介质比表面积有关，比表面积越大，降解速率则越快。鉴于实际场地中，污染物与反应填料之间较低的比例，应增加污染物在反应单元中的停留时间。目前，还没有数据证明到底多大的容积密度合适。一定程度上，容积密度可通过 PRB 施工时的运行效率以及安装后活性填料的稳固性来决定。

三、模拟方案的不确定性分析

利用数值模拟方法进行 PRB 方案设计时，结果的不确定性一般可以分为两类：①与模型输入参数有关的不确定性；②数值模型与概念模型无法完全关联的不确定性。有时在 PRB 设计过程中，设计输入的参数可以变化一个或者更多的数量级，这会导致地下水污染物的浓度、水力梯度、地下水流向和渗透系数的改变，从而影响 PRB 的运行。此外，还需考虑地下水潜在因素的变化，如地球化学性质、孔隙度和温度的季节性变化。因此，综合考虑各类影响因素是 PRB 设计的一个关键。

流经 PRB 的污染羽浓度不是一成不变的，一方面，当高浓度的污染羽流入 PRB 时，污染物浓度可以变化几个数量级；另一方面，随着时间的推移，水力梯度的变化往往不仅只有一个数量级，即使进行了详尽的场地调查，水力梯度的变化也会达到 5~10 个数量级。这些不确定因素的存在，需要在 PRB 设计时使 PRB 的宽度或厚度超过理想范围以确保足够的停留时间及足够的捕获区域。

模型输入参数包括模拟所需的全部数据，如水文地质边界条件、地质单元厚度、污染羽的范围；渗透系数、孔隙度、弥散度、化学反应速率等水文地质参数和化学参数；补给/排泄项及其分布、注水/抽水量以及反映模型外部影响的项如污染源的加载历史等（薛禹群，2007）。由于观测资料有限，这些参数通常难以准确获取，而 PRB 方案设计模拟的数值解又容易受到各种来源数值误差的影响，如果未能识别这些误差并消除，便会造成模拟结果的不确定性。为减少参数的不确定性带来的误差，可通过以下手段来减少场地的不确定性：①进行详细的场地调查以减少参数的不确定性，将参数设计在可接受的区间；②通过空间、时间离散上的加密剖分、参数进行分区赋值来减少误差等。此外，为预防 PRB 运行失败的可能性发生，首先是确保 PRB 安装位置、宽度、厚度和深度达到最低要求；由于不可能在 PRB 设计中考虑到所有模型参数的不确定性，因为这会出现极高的投资成本，通常情况下会利用合理的安全系数，即 2~3 倍于估算出的参数，以消减参数不确定性带来的影响。

数值模拟的不确定性还包括概念模型的缺陷，可以看作是无法在足够详细的尺度上刻画非均质性的特征所引起的，这直接或间接和介质的非均质性有关。通常情况下，对于水文地质条件的认识是十分有限的，在地下水模型的建立过程中，概念模型的不确定性难以避免。依赖单一的概念模型进行不确定性估计时，会高估模型的预测能力。特别当预测变量未用于模型的参数识别过程时，会加剧模拟结果的统计偏差和加大预测失败的风险。因此，在 PRB 设计方案数值模拟的不确定性分析中，概念模型的不确定性应受到重视。例如在 PRB 反应单元宽度的设计中，由于季节的变化或场地特征分析不清晰，地下水的流速度和流向会发生变化。估算每个细小局部的地下水流动也是非常困难的，尤其是针对于一个较小范围的污染羽，局部的地下水流场可能与区域的流场不同。当地下水流向越偏离于 PRB 反应单元，反应单元所捕获的污染物羽越少。以上水流参数的变化也需要用计算机进行模拟，模拟大量的地下水流场、选取最优的取向和位置来设计，并将这种不确定的模拟结果以安全系数的方式加入 PRB 方案设计中。

给定输入参数的不确定性对整个模型结果不确定性的贡献随着该参数敏感度的增加而增加，因此敏感度定量指出了输入参数不确定性对整个计算结果不确定性贡献的作用。通过对水力传导系数、PRB 反应区厚度、活性填料与污染物化学反应速率等关键参数的敏感性分析，定量评估 PRB 方案设计模拟的不确定性，可有效减少模拟的工作量，提高数值模拟结果的可靠程度。

参 考 文 献

薛禹群. 2007. 地下水数值模拟. 北京：科学出版社.

中国地质调查局. 2014. 污染场地土壤和地下水调查与风险评价规范.

中华人民共和国地质矿产部. 1993. 地下水质量标准（GB/T 14848—1993）.

中华人民共和国建设部. 2002. 岩土工程勘察规范（GB 50021—2001）.

Gavaskar A, Gupta N, Sass B, et. al. 2000. Design Guidance for Application of Permeable Reactive Barriers for Groundwater Remediation.

Gillham R W, O'Hannesin S F. 1992. Metal-catalysed abiotic degradation of halogenated organic compounds. Univ., Waterloo Centre for Groundwater Research.

Hoppe J, Lee D, Jeen S W, et al. 2015. Longevity estimates for a permeable reactive barrier system remediating a ^{90}Sr plume. Berlin: Springer International Publishing: 537-544.

Indraratna B, Pathirage P U, Rowe R K, et al. 2014. Coupled hydro-geochemical modelling of a permeable reactive barrier for treating acidic groundwater. Computers And Geotechnics, 55: 429-439.

Jeffers P M, Ward L M, Woytowitch L M, et al. 1989. Homogeneous hydrolysis rate constants for selected chlorinated methanes, ethanes, ethenes, and propanes. Environmental Science and Technology, 23（8）: 965-969.

Obiri-Nyarko F, Kwiatkowska-Malina J, Malina G, et al. 2015. Geochemical modelling for predicting the long-term performance of zeolite-PRB to treat lead contaminated groundwater. Journal Of Contaminant Hydrology, 177: 76-84.

Wilkin R T, Puls R W, Swell G W. 2003. Long-term performance of permeable reactive barriers using zero-valent iron: geochemical and microbiological effects. Ground Water, 41（4）: 493-503.

Xu Z, Wu Y. 2012. A three-dimensional flow and transport modeling of an aquifer contaminated by perchloroethylene subject to multi-PRB remediation. Transport In Porous Media, 91（1）: 319-337.

Zingelmann M, Schipek M, Bittner A. 2015. Planning of reactive barriers-an integrated, comprehensive but easy to understand modeling approach. Switzeland: Springer International Publishing.

第五章　PRB 安装条件及施工工艺

PRB 的施工工艺通常包括挖掘适宜宽度和深度的沟渠、装填修复材料，最后在回填的墙体上覆盖土壤等。而导致其失败的可能原因主要归结为三种：一是反应活性的丧失；二是水力条件的改变；三是设计错误。其中，设计错误是导致 PRB 失败的最常见原因。因此，PRB 的工艺设计是工程建设中最重要的环节。

本章将着重介绍 PRB 工程的安装条件和工艺设计方法。其中，工艺设计包括活性填料区的施工工艺、活性填料的添加方法以及防渗墙的施工工艺三个方面。

第一节　PRB 安装条件

由于 PRB 设计施工比较复杂，加上该技术修复污染物的过程中涉及物理、化学、生物等多学科领域，在设计 PRB 时需要综合考虑很多因素。其施工方法的选择取决于安装的深度、地质条件和反应填料的质量；还应考虑场地的水文地质条件（地下水埋深、含水层厚度、地下水流向和流速、含水层及墙体的渗透系数等）、地形地貌、污染物浓度和范围以及人类活动等因素。需经过前期充分的可行性调研、水文地质勘查，获得一些重要的参数后才能进行合理的设计安装。安装时应考虑以下几个方面：

（1）PRB 的渗透系数应大于含水层渗透系数。通常要求墙体的渗透性是含水层渗透性的 2 倍，但要达到最佳效果，其渗透性须是含水层的 10 倍以上。墙体一般由滤层、筛网以及反应填料组成，以保证其对渗透性的要求。通常，随时间延长，墙体渗透性逐渐降低，造成这一现象的因素很多，如土壤环境的复杂性、地下水组分以及地下水中污染物组分的变化、细小的土壤颗粒流入和沉淀，导致墙体内空隙的体积减少、碳酸盐（如 $CaCO_3$、$MgCO_3$）沉淀析出、FeO、$Fe(OH)_3$、$FeCO_3$ 和其他此类金属化合物的沉淀析出、生物阻塞以及其他可能降低 PRB 渗透性的未知因素等。

（2）根据污染物类型选择合适的反应介质和墙体厚度。通常需要根据污染物类型、降解速率及地下水流速等因素。当地下水流速较快时，为使反应介质能与污染物充分接触，墙体厚度应尽可能的大，但这不可避免地增加了建设成本。

（3）安装相应的监测设施对 PRB 内的物理化学反应情况进行监控。例如在 PRB 内部、上下游附近，以及污染羽高浓度区等关键位置，布设监测井，实时监测地下水水位深度变化，并周期性地监测相关的水文地球化学参数（ORP、pH、

DO 和水力传导系数）、流速、各类无机组分浓度、污染物组分浓度等。

（4）保证 PRB 的长期运行和避免造成生态环境二次污染。例如在墙体内设置管道系统，使用水或空气冲洗墙体内部，来消除其中的沉淀物或者泥沙。

PRB 的运行效率与场地水文地质特征有很大关系。表 5-1 概括了一些确定场地安装 PRB 的可行性的常用标准。

表 5-1　场地 PRB 安装可行性的常用标准（2011）

场地特征	安装 PRB 理想条件	可行性不明确–需进一步评价
基础设施及土地使用情况	没有基础或公用设施干扰 PRB 沟渠挖掘作业	一些公用设施（如：排水管道）或道路在 PRB 安装期间可被临时移动或破坏。建筑物或公用设施不能破坏的可考虑注入式 PRB 结构
污染物分布（深度）	污染羽的底部深度<14 m	污染羽底部深度在 10~14 m，>14 m 超过了实际可挖掘的深度。可考虑采用注入式 PRB 的结构
污染物峰值（以氯代烃为例）	氯代烃浓度<10 000 μg/L。该浓度取决于填料的活性（如零价铁较炭基填料更高效稳固）	需尤为关注氯代烃处理浓度>10 000 μg/L 的情况。若存在多种污染物情况，需进一步评价所有的污染物能否被一种或多种选定的反应介质降解
存在脱氯反应（以氯代烃为例）	出现脱氯产物	有限的证据证明脱氯反应存在。有无证据证明氯代烃的降解取决于 PRB 反应区所选填料
岩性	黏性泥砂或砂砾	坚硬的基岩，松散、流动的砂砾
地层	优化：PRB 安装延伸到下层低渗层	下层无低渗层，PRB 安装延伸到污染物可到达的最深处
水力传导系数（K）	$<3.5\times10^{-4}$ cm/s	$3.5\times10^{-4}\sim3.5\times10^{-3}$ cm/s
地下水流速	$<3.5\times10^{-4}$ cm/s（普遍情况）	$3.5\times10^{-4}\sim3.5\times10^{-3}$ cm/s，$>3.5\times10^{-3}$ cm/s
pH	6.5~7.5（中性）	<6.5，>7.5
溶解氧	<4.0 mg/L	>4.0 mg/L 且地下流速较快（$>3.5\times10^{-4}$ cm/s）
硫酸盐浓度（氯代烃为例）	<1000 mg/L	关注浓度>1000 mg/L 的情况，可考虑非生物降解

第二节　PRB 活性填料区施工工艺

PRB 原位修复工程施工需考虑众多因素，包括开挖过程中排水的需求、地下水和土壤处置的方法和成本、健康和安全性以及对施工地生物活性的破坏等因素。而 PRB 安装和施工工艺的选择取决于污染场地的特征，其中隔水顶板的埋深就是施工工艺选择最重要的因素，直接决定了建造成本。本节就以下三种常见 PRB 活性填料区的施工工艺做简单介绍，包括传统沟槽式安装、沉箱式安装及连续挖掘填埋。

一、沟槽式安装

沟槽式安装（图 5-1）采用挖空回填的方式。首先采用吊车和振动打桩机将钢板桩掘进地下，以固定反应墙侧墙，然后将板桩内部利用反铲挖掘机或抓斗挖空，形成连续的沟渠，并用砾石使其与含水层分开，之后再将活性填料回填到沟渠中。板桩的深度可以达到约 15.2 m，其中长度在 13.7~15.2 m 的板桩最容易运输。反铲挖掘机挖掘是目前最常采用的挖掘技术，其操做方法简单，即利用液压操纵带动铲斗进行工作，但反铲挖掘机耗时，且为达到设计深度需要更大的操作空间，反铲挖掘机一般可挖掘深度为 7.6~9.1 m，改进后可挖掘深度为 24.4 m。当沟槽底部可能离管线、建筑物或者公路较近时，固结沉积物或鹅卵石等会影响挖掘机的工作效率，在这种情况下，沟槽的后端倾斜，沟槽地上部分要比底部更长，且挖掘的深度也更深。抓斗和反铲挖掘机较为类似，都有一个吊杆，在吊杆上面有电缆穿过滑轮，吊索用来升降铲斗，电缆用来开关铲斗以控制取土。不同的是反铲挖掘机是通过电缆向机器方向拖起铲斗来铲取土壤，而抓斗是通过电缆开关两个铲斗来铲取土壤。抓斗和反铲挖掘机都可以挖掘到 45.7 m，抓斗可以挖掘更深的沟槽底和边，但是抓斗比反铲挖掘机效率低且花费大，容易被岩石损坏。当沟槽两边较为平整时，可以首选反铲挖掘机。

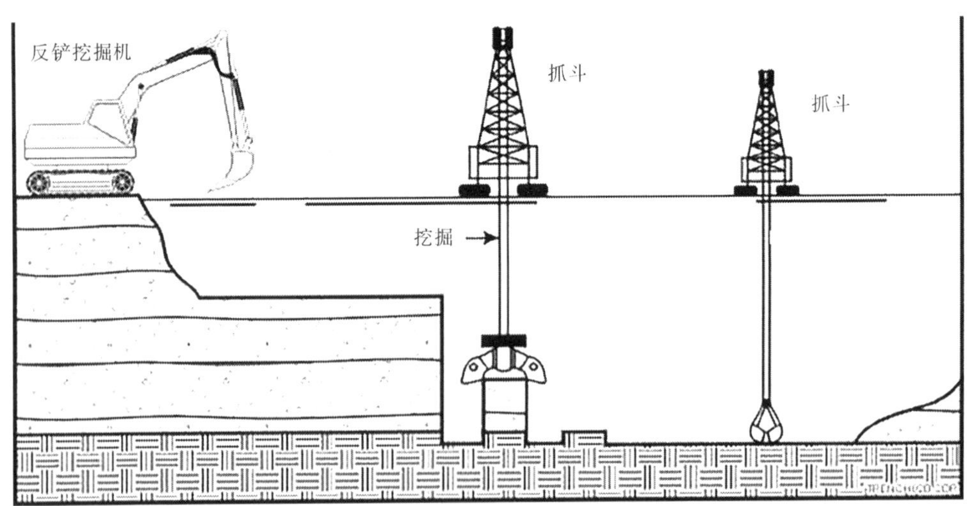

图 5-1 沟槽式安装示意图及施工图（Gavaskar *et al*., 2000）

二、沉箱式安装

沉箱式安装示意图见图 5-2。在污染羽较宽、污染物浓度较高、水流速度较大的污染场地多采用沉箱隔水–导门系统。沉箱式安装利用预制的钢制沉箱帮助开挖，当沉箱达到设计深度后将其内部的土清空，然后填上反应介质。沉箱采用一般的建筑材料制成，可以为任意形状，例如 Somersworth 垃圾填埋场和 Dover 空军基地采用的是两端开口直径为 2.4 m 圆柱形沉箱，通常沉箱直径小于 2.4 m，沉箱直径越小，其推入及保持竖直状态均越容易。因为沉箱并不会因为自身重力而进入土壤，因此需采用振动打压机推动沉箱，并且推入后需用螺旋钻挖掘沉箱内土壤，为活性填料提供空间。沉箱由于受到内部活性物质的压力，因此取出时会较为困难，多采用振动打桩机将沉箱拉出。需要注意的是，在漏斗-导水门构型中使用沉箱式安装需确保沉箱和漏斗连接处的密封性，实际操作中可以采用泥浆墙的泥浆进行密封，也可采用一些松散的铁材料来填充沉箱留下的孔隙。综合考虑，在反铲挖掘机达不到的深度采用沉箱挖掘是一种比较经济的办法。

图 5-2　沉箱式安装施工图（Gavaskar *et al.*，2000）

三、连续式挖掘填埋

连续式挖掘填埋施工图见图 5-3。用安装在吊杆上的小型机器锯刺穿土壤，吊杆降低到地面时向设计挖掘的方向拖拽进入履带工具。沟槽在挖掘机后方产生，同时活性物质可以利用机器上的漏斗进行填充。这种方法可挖掘沟槽深度为 0.6~9.1 m 或 10.7 m。这种方法虽然费用较高，但效率也较高，适用于较大的反应墙建设。

图 5-3　连续式挖掘填埋施工图（Gavaskar *et al.*，2000）

第三节　PRB 活性填料添加方法

活性填料主要注入方式有如下几种：

（1）钻机注入。将活性填料直接注入反应区，或者将活性填料从固定的注入井中注入（图 5-4）；

（2）使用水动或气动压裂技术，增加地层裂隙，这种方法能使活性填料沿裂缝优先流入并能快速在含水层中扩散；

（3）压力脉冲技术，使用常规脉冲压力的同时注入活性填料；

（4）液体雾化喷射技术，即将活性材料如铁炭流体与载气（如氮气）混合形成气溶胶再进行喷射，雾化喷射技术可促进活性填料在反应区中的扩散；

（5）通过重力进料器进行注射；

（6）通过泡沫活性剂运载活性填料，以实现填料向包气带的传输。

图 5-4　钻机式注入填料现场施工图

然而常规的地下水流动过程会影响活性填料在含水层的迁移，因此可通过其他相关措施来促进活性填料的迁移。比如，通过在井中采取循环或者加压的方式来提高水力梯度，进而促进活性填料的迁移。循环措施可以通过上游注入井与下游抽提井来实现，其中抽提出来的地下水也可以附加填料，并重新注入到注射井中。

活性填料注入方式的选择与设计需要结合场地的实际情况，需要考虑污染物的浓度，污染物的扩散情况，污染物在含水层中的形态；含水层所含物质的化学性质以及这些物质对污染物或者活性填料的影响，例如富集、吸附/解吸等，场地的水文地质条件（包括渗透系数，地层性质和地下水流动情况），选用的活性填料的性质（包括活性、半衰期、在地下水中的运移情况以及氧化还原所需要的时间），含水层的自然衰减能力（考虑污染物的生物降解）等。同时选择填料的注入方式时还需要考虑到，不能对含水层的渗透性质、pH 或者氧化还原电位有较大的影响，并且不能影响修复的效果。此外，注入点的间距、注入深度、每个井的注入量以及注入填料的频率反过来也会影响活性填料的选择。

第四节 PRB 防渗墙材料及施工工艺

防渗墙应设计在地下水流向及污染羽的下游，它可以提供一个高性价比的低渗透性水力格栅，能引导地下水流向 PRB 填料区而进行反应，防渗墙设计示意图见图 5-5。防渗墙多采用水泥膨润土泥浆技术，首先利用履带挖掘机挖掘沟渠，再将膨润土浆液混合使其发生水和反应 24 小时，然后加入普通硅酸盐水泥和磨粒高炉矿渣，混合均匀后再用泵将混合浆液灌入沟渠中。在沟渠开挖过程中，需向沟渠两侧同步灌注水泥膨润土浆液以进行固化。泥浆形成的材料渗透系数一般小于 1×10^{-9} m/s，并且施工过程中采集泥浆样本进行室内实验检测以保证其性能满足防渗墙的要求。

防渗墙深度应达到低渗透性的地层层位，即墙体底部位于隔水层中。同时在将要安装 PRB 反应单元的附近，需加厚防渗墙墙体以保证能够容纳 PRB 反应单元，从而增大污染羽通过墙体时的路径长度，同时减小渗流通过防渗墙和反应单元周围的可能性，且这部分墙体均要挖掘至隔水层，并灌注防渗材料（如水泥膨润土泥浆）。

防渗墙施工最后步骤是将水泥膨润土顶部 1 m 掘开，在墙体顶部回填压实的黏土盖层，黏土盖层需延伸到过滤桩位置。削除墙体上部 1 m 的厚度并回填黏土盖层目的是将防渗墙顶部干裂的水泥膨润土材料除去，同时保证有足够厚度的黏土盖层存在，以消除浅层地下水流流经防渗墙的潜在优势路径。黏土盖层延展到过滤桩位置的目的是为了防止未被污染的地下水进入该系统。

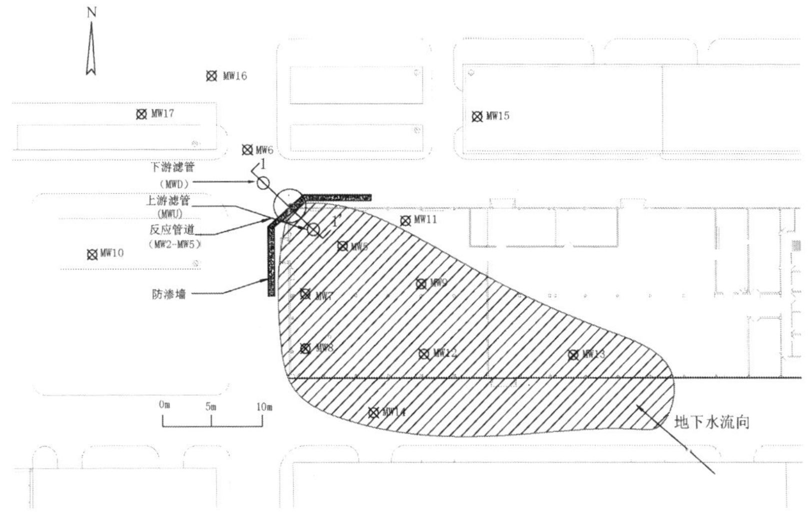

图 5-5 防渗墙设计示意图

参 考 文 献

Gavaskar A, Gupta N, Sass B, et al. 2000. Design guidance for application of permeable reactive barriers for groundwater remediation. Battelle Columbus Operations OH.

ITRC. 2011. Permeable reactive barrier: technology update. Interstate Technology and Regulatory Council.

第六章　PRB 性能监测、评价及维护

作为一种地下水污染原位修复技术，PRB 的运行寿命是关乎 PRB 实际工程应用的另一个重要问题。随着 PRB 特别是 ZVI 基 PRB 在地下水污染修复工程中的广泛应用，关于 PRB 长期运行监测及管理的研究开始受到关注。在 PRB 设计安装完成后，只要污染羽存在就必须对系统进行监测。最基本的监测是在关键位置（如浓度较高或接近反应墙的位置）集中布设一定数量的监测设备，对目标污染物进行监测以明确 PRB 下游的地下水是否达到修复目标值，即监测污染羽是否被高效捕获及处理。为了精确衡量监测效果，需在 PRB 内部及上下游均布置监测井以观测水位深度变化，并周期性地监测相关的水文地球化学参数、流速等，这些数据对决定 PRB 的运行方式十分重要。

监测需要两部分工作，一部分为水样的采集，另一部分为对目标污染物的分析测定。对目标污染物的分析测定是为了确定 PRB 的运行性能是否达到原本设计的指标。通常需要两种类型的监测：①污染物监测以查明 PRB 的运行状态；②性能监测来评价 PRB 系统是否已创造出理想的水力条件和地球化学环境，且在现在或将来有着良好的性能。大多的场地需要进行 PRB 的性能监测，因为它可以预测 PRB 在将来运行中可能存在的问题。PRB 安装运行后可能存在的性能问题包括：PRB 中水力特征及流速与场地调查、模型及设计结果存在差异；或是反应单元中地球化学条件不适合 PRB 良好地运行。其中，水力特征与流速的差异会影响 PRB 反应单元捕获污染羽的范围和污染物在其中的停留时间。

性能监测通常包括对地下水位、场地参数（ORP、pH、DO 和水力传导系数）和 PRB 监测井中无机组分的监测。对地下水位和场地参数的监测比较简单，是伴随着对地下水污染物监测的采样过程进行监测的，平均每一季度一次。季度性监测通过监测目标污染物浓度、地下水流速和地球化学组分，研究它们随季节变化的情况。由于某些无机组分可以形成化学或生物的副产物，因此对无机组分的采样分析通常每年或每半年一次。

其他特定的水力条件和地球化学测定包括在 PRB 设计时用原位探测仪直接测定地下水水力情况，用示踪实验对停留时间进行监测，收集并分析反应单元所取岩心等。

本章着重讨论污染物、水力性能和水化学条件的监测与评价方法，并介绍 PRB

的维护管理办法。需要注意的是对 PRB 安装后的成功监测依赖于详细的场地特征调查结果。

第一节　污染物监测与评价方法

一、监测指标及评价

在 PRB 安装成功后，需要了解 PRB 是否正确地捕获及处理了污染羽，需要临测 PRB 系统下游目标污染物的浓度。对污染物的监测包括：反应单元中污染物及其可能生成的物质及环境中生成的有毒副产物；污染物可能存在的越流、侧流和下渗；活性填料对地下水水质产生潜在有害的影响。

二、监测点位及频率

污染物的监测点位和监测频率需根据场地特征来确定。ITRC 根据不同 PRB 的结构类型，给予了监测点位的参考（如图 6-1 所示）。图 6-1(a)和图 6-1(d)的结构，在 PRB 活性反应区间隔安装的监测井用来辨别污染物是否穿透或越流过活性反应区。如果 PRB 安装在污染羽的内部而不是其上游边缘处，含水层下游的监测井在 PRB 安装后污染物浓度会维持较长时间的增长趋势，而下游的污染羽也会向下游扩散。除在活性反应区安装监测井外，在反应墙两端的后侧也需安置监测井以监测污染物可能的越流情况。图 6-1(c)含水层下游监测井可检验活性填料是否产生对环境有毒有害的物质以及当地地球化学参数在 PRB 安装之后是否已恢复。如果对漏斗–导水门结构 PRB 中漏斗的渗透性存在不确定性，可在漏斗的下游安装监测井[图 6-1(e)]以监测地下水穿透情况。

一般情况下，监测的频率不能太高，每个场地需保证在每一个季度对目标污染物进行监测。每一个季度的监测可以对污染物可能发生的越流进行预警。

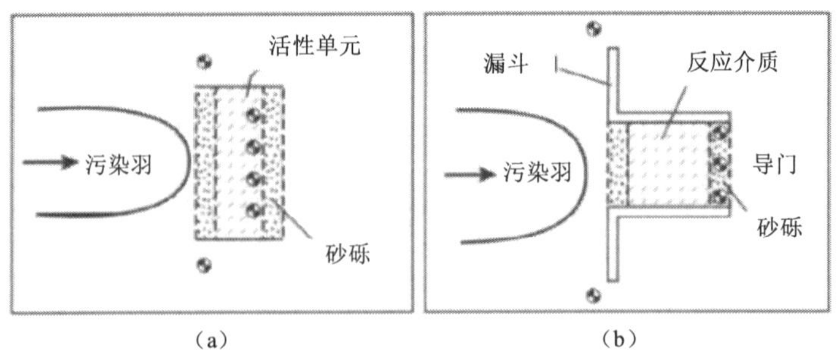

（a）　　（b）

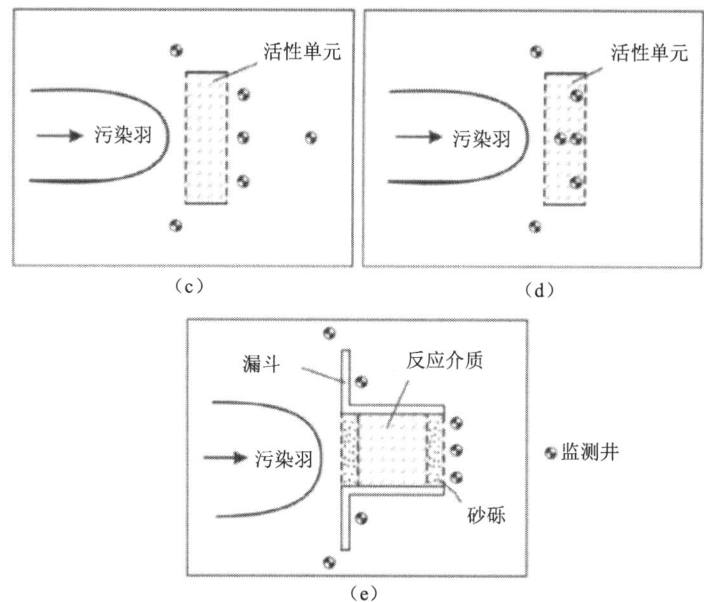

图 6-1　不同 PRB 结构监测井位布点(Gavaskar *et al.*, 2000)

第二节　水力性能监测与评价方法

监测水力性能的目的是为了评价 PRB 对上游污染羽的捕获性能以及评价地下水污染物在反应单元中的停留时间。由于相关调查仅在 PRB 场地附近较小范围内进行，捕获带的测定通常具有一定挑战性，可借助地下水建模来确定监测井或流速探测器的最佳安装位置。停留时间往往是一个数值范围，并受到反应单元及其周围介质非均质性的影响。

一、水力捕获性能监测及评价

PRB 水力捕获能力的评价旨在确定该区域是否能有效捕获地下水污染羽，并确定捕获区的宽度范围。

造成 PRB 不具备捕获污染羽能力的原因既包含了工程建设原因，也有场地条件的限制：一方面可能是由于含水层或反应单元填料颗粒较细、过于紧密，导致地下水绕过反应区；另一方面则是受潮汐等作用影响，使得地下水流向产生瞬态的逆转，未能穿过反应区。此外，地下水流速和流向的季节性变化，也会影响 PRB 水力捕获能力，使得捕获区宽度小于设计宽度。

野外实际场地中，确定 PRB 捕获区的技术与场地水文地质特征调查相似，只是实施方式不同。PRB 的捕获性能可以用传统的水位监测和示踪实验进行评价，或是一些新兴的监测手段，如原位流速探测仪、水力探测仪、钻孔流量计等。这些监测设备安置于开放的钻孔或是监测井中，利用设备中的热脉冲、电磁或是机械传感器等实时测定地下水水力性质。

（一）水位监测

水位监测是确定 PRB 捕获范围最常见和最有效的方法之一，通过测量 PRB 及其附近水位的动态变化，来评价水力梯度的变化和地下水流向，进而有效指示 PRB 建设对于当地或区域地下水流场的改变。捕获区域可通过绘制等水位线图，沿水力梯度方向绘制流线的方法来初步估计。

根据特定的场地条件和监测目标，在 PRB 上游按一定布局和数量设置监测井和测压装置，形成完整的监测网络。第一类监测目标仅是确认地下水是否流经 PRB，则只需要在 PRB 上游安装少量监测井即可；第二类监测目标要确认捕获区域的宽度，或是对流经反应单元的污染羽进行详细的划分，则要安装更多的监测井，形成监测网络。目前，场地监测过程中容易实现第一类监测目标，但由于 PRB 或其临近范围内监测井水位差异很小、水力梯度小，缺乏统计学意义，因此第二类监测目标通常难以实现。

PRB 工程数值模拟的结果表明，在反应单元上游数米范围内，流线发生明显汇聚。因此，如果要进行流量分配和捕获区宽度划定，需要将监测工作集中在这个很小的过渡区内，但该区水位测量的不确定性一般大于实际的水力梯度，无法提供可靠的数据。为降低不确定性，在水位监测过程中要非常仔细，并精确测量水头高度。

尽管存在不确定性，水位监测可能是目前确定 PRB 捕获范围最方便和经济的一种方法，尤其是对于水力梯度足够大的场地。该监测方法花费少，可长时间、频繁地获取大量监测井数据。同时，依据水位监测结果绘制的场地等水位线图相比原位探针技术而言，提供了更具代表性的区域水力特征条件。

（二）原位流速探测仪

原位流速探测仪用于连续、长期监测地下水流速和流向，永久安装在每个监测位点的含水层中。与水位监测中等水位线图相比，原位流速探测仪仅提供了探头附近的流速估计值，但这种连续监测的模式是评估流场短期或季节性变化的理想方法。如果监测目标仅是确认地下水是否流经 PRB，只需要在 PRB 上游安装一个探测仪即可；如需 PRB 附近流场详细的划分，则需要在不同的预期流场分区内安装两个或以上探测仪。根据模拟结果，流场仅在 PRB 漏斗墙壁附近数米范围内发生改变，故流速探测仪应尽可能接近漏斗壁安装。

（三）示踪实验

示踪实验也可用于评价 PRB 系统的渗透性和污染羽的捕获能力，能直接证明地下水是否流经反应墙，但较为昂贵和费时。示踪实验通常是在 PRB 上游监测井中投加一种稳定的无机化合物（如溴化钠、碘化钠等）作为示踪剂，然后在注射井周围、反应墙内部、PRB 周边以及下游观测井测定示踪剂的含量。该方法在局部范围内能够提供准确的结果，但当需要解释或者将研究区扩大到 PRB 的相邻区域时，则要考虑测量的尺度。

二、污染物停留时间评价

PRB 中污染物的降解通常由其中发生的反应动力学过程控制。因此，污染物停留时间（污染地下水与反应介质接触的时间）会影响地下水中污染物降解的程度。反应单元内地下水流流速的测量提供了与停留时间有关的信息，流速监测包括对空间和时间的动态评估。一般来说，估算 PRB 中地下水流速的策略与水文地质特征描述相同，主要包括利用达西定律、示踪实验、井内或原位流量探测仪。

受调查区域有限的范围和场地非均质的影响，要特别考虑 PRB 内部流场的监测。引起反应单元附近介质非均匀性的因素很多，如铁细粉压实不均匀、活性介质表面腐蚀产物的形成、孔隙中次生矿物的沉淀以及含水层和反应单元间渗透系数的显著差异等。非均质性导致 PRB 反应单元内存在优势流通道，减少了地下水和反应介质之间的接触时间，从而降低了 PRB 系统的整体修复效果。另外，异质性会增加水力弥散作用，促进污染物的穿透。

停留时间由于空间和时间变化，其估计值实际上是一个范围，而不是单个值。通过进行更精确的参数估计、合并适当的安全因子，可以减少 PRB 设计中产生的不确定性。对大多数场地，流入 PRB 的污染物浓度较低，并且污染物一旦进入便被降解，所以安全因子的合并不会引起问题。然而，对于那些预期浓度很高的场地，安全因子的合并可能导致不可接受的高修复成本。

第三节 地球化学性能监测与评价方法

对地球化学性能的监测包括无机组分的监测、地球化学模型和岩心提取及分析。

监测 PRB 中无机组分对理解场地地球化学特征以及建立地球化学模型至关重要。虽然对无机组分的分析不及目标污染物频繁，但仍然需要每 1~2 年综合全面的分析。这种频率的取样可探测到反应墙中任何重要的变化，并能保证足够的时间对这些变化进行修正。地球化学模型能够在地下水监测过程中高质量地对场地参数及各组分浓度进行测量。模型的结果可与理论结果进行对比，为更加深入掌握地球化学系统提供参考。岩心采样比地下水采样更有侵入性，会造成反应墙结构不可恢复的破坏，因此仅允许在特定情况下对岩心进行采样。例如，当 PRB 在长期运行后，因水力因素（如污染物的越流）而导致其修复性能的降低，或者反应单元活性降低（如污染羽的穿透），可利用岩心采样为 PRB 内部的运行提供重要信息。

一、地下水监测评价地球化学性能

为监测反应墙内的运行情况，需收集场地原位参数和地下水无机化学组分等地球化学信息。其主要的目的是查明 PRB 能否维持其对有机污染物或无机目标金属降解或吸附的活性。场地原位参数测定包括对 DO、ORP、pH、电导率以及温度进行测定。地下水无机化学分析项目详见表 6-1。

DO 通常在地下水样品采集的同时进行测量，用于判断地下水好氧或厌氧环境。DO 探针能较为准确地测定地下含水层中的含氧量，但在测量 PRB 反应墙内的含氧量时，由于污染物降解反应消耗溶解氧，使其低于检测下限，往往会测不准。

电导率可用来评价地下水通过反应墙后溶解态离子浓度是否发生变化，并提供了一个快速检测反应墙体是否发生沉淀过程的方法。例如，地下水进入反应介质后，可能会由于 pH 或氧化还原条件的改变发生沉淀溶解过程，降低溶解态离子浓度。

地下水通过反应介质前后所含溶解态的天然无机组分浓度往往会发生改变，可作为判断是否发生沉淀反应的指示。由于反应介质和天然含水层之间的地球化学特征差异较大，在反应墙体的出水端，无机组分变化最显著。尽管还不清楚有多少沉淀质量保留在反应介质中，以及这些沉淀是如何影响反应介质活性的，但污染地下水通过反应介质前后无机组分含量的变化无疑是反映沉淀反应发生程度的重要指标。

表 6-1　地下水无机化学分析项目

分析参数	采样体积/mL	储存容器	前处理方法	样品保存时间/d
		阳离子		
Na^+、Ca^{2+}、Mg^{2+}、Fe^{2+}、Mn^{2+}	100	聚乙烯瓶	过滤，4℃，pH<2（HNO_3）	180
		阴离子		
NO_3^-、SO_4^{2-}、Cl^-、	100	聚乙烯瓶	4℃	28[α]
碱度	100	聚乙烯瓶	4℃	14[β]
		中性物质		
溶解性硅	250	聚乙烯瓶	/	28
总溶解度	100	聚乙烯瓶	4℃	7

注：α 在硝酸中的保存时间为 48 h；当存储于硫酸中可保存 28d。

β 场地碱度的确定用酸碱滴定法。

二、地球化学模型评价地球化学性能

地球化学模型可模拟 PRB 反应单元活性介质与地下水之间的反应，帮助了解不同沉积物形成的机制，更详细地评价 PRB 的地球化学性能，预测其寿命。目前主要有两种地球化学模型，分别是均衡模型与逆向反演模型。

均衡模型的构建仅需场地特征参数，无需由柱实验得到的进水和出水的样品分析结果。均衡模型现已用于一些 PRB 工程来预测墙体内矿物的沉淀，例如加州前海军航空站 Moffett 场地（Gavaskar *et al.*, 1998）、特拉华州 Dover 空军基地（Gavaskar *et al.*, 2000）等。均衡模型的局限性在于未考虑反应动力学和非平衡态行为，只是定性表明了 PRB 系统中可能形成的沉淀类型，但应明确该模型不能定量评估 PRB 墙体内所有反应过程的结果。

当反应系统内某一组分未达平衡时，可利用均衡模型中的反应路径模拟进行预测，此时需假定其他组分在反应过程中各步骤均达到平衡。常见的模拟软件有 PHREEQC，热力学数据来自于 MINTEQ 数据库。

正向平衡模型通过输入场地参数和化学组分浓度来计算地下水反应系统中的溶解成分和可能存在矿物的饱和程度。矿物的饱和指数（saturation index, SI）定义为

$$SI = \log(IAP / K) \tag{6-1}$$

式中，IAP 为离子活度积，无量纲；K 为矿物反应的热力学平衡常数，无量纲。当 SI=0，认为矿物和地下水的反应达到平衡。当 SI 为负值时，未达饱和状态；反之，则为过饱和状态。实际应用时，SI=⊥0.2 即可假设反应达到平衡。

平衡模型虽能预测反应介质中可能析出的沉淀类型，但无法借助场地调查得

知的是：在给定停留时间内，PRB 反应介质中沉淀析出的质量；滞留在反应墙体而不是被水流带走的沉淀质量。逆向反演模型可推演出特定 PRB 场地地球化学和水动力学条件下各种沉淀的质量。与正向反应不同，逆向建模不仅需要场地参数，还需要柱实验得到的相关参数（即进水和出水中的无机参数水平）。逆向反演模型常用于进一步解释 PRB 建成后地下水无机参数监测数据。

地球化学模拟方法不仅适用于以技术开发为目的的研究性工作，在涉及 PRB 场地中反应活性和流场的问题时，该方法也能进一步评价地球化学过程对 PRB 性能的影响，以及讨论新型反应介质材料在 PRB 工程中的适用性。

三、活性介质岩心采样评价地球化学性能

活性介质岩心采样和分析是一种特定的技术，并不是所有场地均需用到。然而岩心分析能够为活性介质长效性的评价提供重要的地球化学信息。如果 PRB 运行性能出现问题，其既与水力无关也与污染物降解无关，则需要直接探究是否是活性介质因素所导致的。对活性介质的探究则可通过岩心采样并对以下两点进行分析：

（1）化学及矿物学的变化；

（2）不正常的微生物活性迹象。

所采岩心样品必须在实验室进行分析，其分析项目详见表 6-2。

表 6-2　岩心采样推荐的表征技术

分析方法	描述
总碳分析 用燃烧炉量化总有机和无机碳（碳酸盐）	总碳含量测定。用于确定岩心中碳酸盐所占比例
拉曼光谱 共焦成像拉曼探测	半定量表征非晶体矿物以及晶体组分。适用于铁的氧化物和氢氧化物、硫化物和碳酸盐的识别
傅里叶红外光谱仪（FTIR） FTIR 与自动成像显微镜联用	利用锗内部反射元素收集衰减全内反射光谱（ATR）
扫描电子显微镜 二次成像（SEI） 能量色散光谱仪（EDS）	高分辨率成像和元素表征非晶相和晶相。适用于对沉淀物的外形和组成进行鉴别
X 射线衍射（XRD） 粉末衍射	定量分析进行矿物。可用于鉴别矿物，如碳酸盐、磁铁矿、针铁矿等
微生物分析 异养菌数 PLFA 分析	鉴别岩心样品中微生物的群落。可用于确定铁氧化细菌与硫酸盐还原细菌存在与否

四、性能监测与评价应用实例

（一）澳大利亚 Lower Shoalhaven 平原地区硫酸盐土壤污染

在 Lower Shoalhaven 平原地区 Bombaderry 镇附近，建立了一个中试规模的 PRB（17.7 m×1.2 m×3 m），墙体内填充粉碎的再生混凝土（d_{50}=40 mm）。在 PRB 墙体内部及其上下游共设置 30 个监测井和 15 个测压计（图 6-2），监测潜水面变化、水力梯度、渗透性及地球化学特征（Indraratna *et al.*, 2014）。自 2006 年 10 月起每月利用水位计和多参数场电极探针在现场直接测定地下水位和水质参数（如 pH、ORP、温度等）；墙体内安装自动记录仪每小时测量 pH、DO、水压和温度。定期采集地下水样品，并进行 Fe、Al、主要阴阳离子及其他微量金属的检测。

图 6-2　Lower Shoalhaven 平原场地中试规模 PRB 监测井及测压管分布图

监测结果表明，矿物沉淀降低了 PRB 反应介质的孔隙度和渗透性，直接影响到流场变化和反应时间。经模型预测预计 20 年后 PRB 墙体中孔隙体积约减少 0.42~0.5。

（二）丹麦菲英岛 Vapokon 场地氯代烃污染

丹麦菲英岛 Vapokon 场地 1999 年建立了一个漏斗–导水门式 PRB（Birkelund,

2006)，漏斗由 2 个 110~130 m 长的板桩构成，反应门长 14.5 m，厚 0.8 m，深 9 m，填充粒状铁，渗透率 20.28 m/d。由 PRB 反应门边缘起逆梯度在距离 0.0、0.1、0.4、0.6、0.7 和 1.1~5.8 m 处设置地下水取样点（图 6-3），安装 15 个监测井和 45 个测压计，每个监测井中 3 个测压计分别位于地下 12.52~14.22 m、15.62~16.47 m 和 18.02~19.12 m 的筛管处。2000 年 3 月、2000 年 9 月、2001 年 9 月、2002 年 9 月、2003 年 1 月和 2003 年 8 月进行地下水采样，以获得各类污染物浓度、Ca^{2+}、Mg^{2+}、SO_4^{2-}、Cl^-等阴阳离子浓度、pH、DO、电导率、ORP、温度等长期监测数据。

4 年监测结果表明，零价铁 PRB 对不同氯代烃的去除率达到 92.4%~97.5%。地下水流经 PRB 后，总碱度下降 90.3%，Ca^{2+}、SO_4^{2-}分别降低了 81.7%和 69.2%，水化学条件的变化可能会在 PRB 内部形成矿物沉淀，使其孔隙度每年减小约 0.88%，但在 2000 年 3 月至 2003 年 8 月期间 PRB 的运行效果并未受到明显影响。

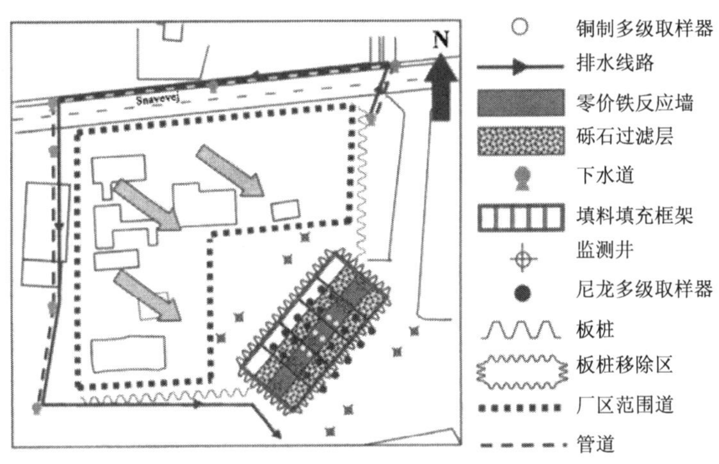

图 6-3　Vapokon 场地漏斗–导水门式 ZVI 基 PRB 及监测井分布平面图

（三）沈阳李官堡傍河水源区氨氮污染

PRB 构建场地位于李官堡水源地 15 号院内，反应格栅为 15 m×1 m×40 m 的沸石墙（侯国华, 2014）。在该场地系统构建过程中，反应格栅的上下游及格栅内部都布设有监测井，用来监测地下水污染变化特征，评估修复效果及对场地地球化学条件的影响。同时，在释氧井与反应格栅之间也设置了四口监测井，用来监测评估释氧材料的释氧效果（图 6-4）。该场地地下水监测指标包括 pH、ORP、

DO、碱度、三氮及主要的阴阳离子。为了增加数据的可靠性及准确度，除了每月定期监测这些指标外，也会临时增加格栅附近其他采样点的样品采集测试分析。

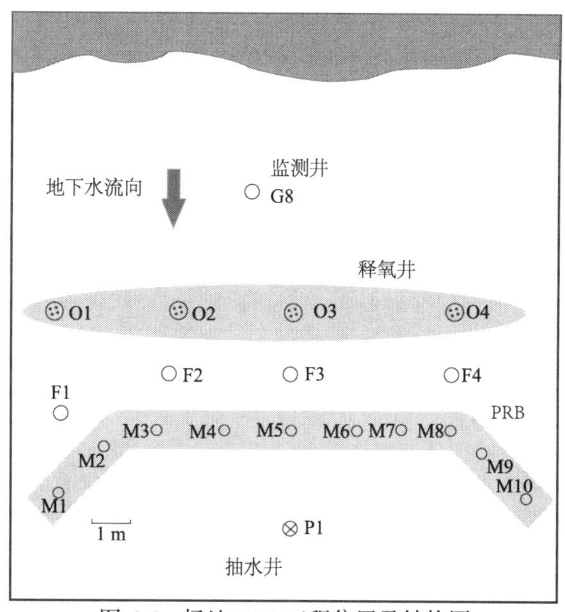

图 6-4　场地 PRB 工程位置及结构图

监测数据表明示范工程运行良好，地下水中氨氮浓度从 2~10 mg/L 降低到 0.5 mg/L 以下，达到了氨氮的生活饮用水卫生标准。DO 浓度波动不明显，总是维持在 2~4 mg/L。

（四）北卡罗来纳州伊丽莎白城场地 TCE 和 Cr(Ⅵ)污染

北卡罗来纳州伊丽莎白城场地 PRB 工程建于 1996 年 6 月，反应墙体为连续墙形式，大致呈东西走向，长 46 m、深 7.3 m、宽 0.6 m，反应填料为 ZVI；墙体垂直于地下水的流向（Wilkin *et al.*, 2014）。在 PRB 内部及上下游分别布设有若干普通监测井和多级监测井，便于监测和评价不同位置、不同深度处的地下水水质变化和分布情况。

第四节　PRB 维护管理

PRB 技术的工程设施简单，安装操作一次性完成，大大降低了修复后期的运行及维护费用。但 PRB 运行是一个长达几十年甚至上百年的长期过程，故需要对

PRB 进行维护管理。如运行过程中产生沉淀、阻塞介质、超过吸附容量的填料等都需要进行及时的监测与维护管理，以保证后期正常运行。

维护和关闭条件：PRB 维护是最近才大幅度应用到实际修复工作中的，然而 PRB 长期的维护和关闭需求并没有严格的界定。一方面，参考渗透系数随着时间而降低（堵塞）；另一方面，场地参数和无机成分的监测，连同地下水高程等也可为 PRB 内的渗透性损耗提供指示。如果 PRB 性能受渗透性损耗影响，或者常规监测显示有该潜在问题，那么所有参数的监测频率应该增加，以辨别地下水污染物浓度和水力学性能是否受到影响。

如果传导率严重减小，应该考虑特殊的监测手段，如应用提取反应介质岩心的方法。提取反应介质岩心的是一种不常应用的技术，然而它可在判断堵塞源头和程度上发挥重要作用。

维护问题包括反应介质的重建和 PRB 水力渗透性的恢复。如果反应墙正在修理或重建，则可能产生受污染的反应介质或者土壤。任何产生的废弃物都应该依照《危险废物管理条例》正确分类和处理。恢复反应介质和（或）反应墙渗透性的另一个途径是试剂冲洗。使用试剂（如酸溶液）复原 PRB 性能的技术目前正处在调查研究阶段。冲洗过程需要得到许可，包括严密的监测和受污染地下水的采样检测过程。

参 考 文 献

侯国华. 2014. 傍河区地下水氨氮污染修复的 PRB 技术研究及工程有效性分析. 北京：中国地质大学.

Birkelund V. 2006. Field monitoring of a permeable reactive barrier for removal of chlorinated organics. Journal of Environmental Engineering, 132(2): 199-210.

Gavaskar A, Gupta N, Sass B, et al. 2000a. Design guidance for application of permeable reactive barriers for groundwater remediation. Battelle Columbus Operations OH.

Gavaskar A, Gupta N, Sass B, et al. 2000b. Design, construction, and monitoring of the permeable reactive barrier in Area 5 at Dover Air Force Base. Battelle Columbus Operations OH.

Indraratna B, Pathirage P U, Rowe R K, et al. 2014. Coupled hydro-geochemical modelling of a permeable reactive barrier for treating acidic groundwater. Computers and Geotechnics, 55(1): 429-439.

Reeter C, Gavaskar A, Sass B, et al. 1998. Performance evaluation of a pilot-scale permeable reactive barrier at Former Naval Air Station Moffett Field, Mountain View, California. Volume 1. DTIC Document.

Wilkin, R T, Acree S D, Ross R R, et al. 2014. Fifteen-year assessment of a permeable reactive barrier for treatment of chromate and trichloroethylene in groundwater. Science of the Total Environment, 468: 186-194.

第七章　PRB 技术案例分析

目前，在欧美一些发达国家，已对 PRB 技术进行了大量的试验研究及工程技术探索，并成功运用到实际污染场地的治理中，已发展成为成熟的商业产业模式，取得了不错的效果，从 20 世纪 80 年代初期至今，欧美国家已经建立了 120 余座 PRB，而我国在 PRB 研究方面仍处于实验摸索阶段，实地的工程应用比较少。

PRB 技术由于造价低廉、维护简便、无需外加动力、处理效果好、运行维护费用低等优点，对于处理多种地下水污染具有良好的效果，是今后地下水修复技术的发展方向。

本章系统介绍了四个国内外典型的可渗透反应墙技术在工程实践中的应用案例，包括场地信息介绍、PRB 的设计及选择、PRB 安装、性能评估及费用等几部分，旨在为广大环境污染场地修复人员选择适宜的修复技术、PRB 修复工程设计及其技术参数的选择提供理论支撑和技术借鉴。

第一节　稀土冶选矿山地下水渗透性反应墙修复技术示范

针对包钢稀土金属冶选尾矿库对周边地下水的污染及生态风险控制问题，中国科学院南京土壤研究所开展了为期 3 年的国家环保部公益性行业专项“稀土金属冶选尾矿库渗漏对地下水污染的生态风险评估与控制研究（201309005）”中课题五“稀土金属冶选尾矿库周边污染地下水预警防控与修复技术研发”的研究。自 2013 年 1 月实施以来，完成了包钢稀土金属冶选尾矿库周边区域水文地质勘探和地下水污染调查，研发了适用于该场地污染地下水（主要污染物为硫酸盐，浓度约为 700 mg/L）的可渗透反应墙 PRB 修复技术（滕应等，2016）。在前期建立地下水污染概念模型及修复技术可行性认证的基础上，于 2015 年 6 月开展污染地下水 PRB 修复技术设计及现场示范工程，并于 2015 年 12 月建成了我国第一个落地的稀土冶选矿山地下水渗透性反应墙 PRB 修复技术示范基地（如图 7-1、图 7-2 所示）。

据悉，包钢稀土冶选矿山地下水修复示范基地采用注射型 PRB 修复技术，使用沸石/活性炭/D301 复合材料作为活性填料。活性填料通过钻孔打井的方式填充，在垂直于地下水流向上形成活性反应区。污染羽流经活性反应区时，污染物与活性填料接触，通过物理吸附和离子交换等作用，达到去除地下水中硫酸盐的目的。

并在 PRB 工程设计过程中采用了地下水流动与溶质迁移数值模型来确定注射井的间距，反应滞留时间及安装止水帷幕前后对地下水水位的变化及污染物捕获效率。初步监测的数据表明，部分井位地下水中硫酸盐已达到地下水质量标准Ⅲ类（≤250 mg/L）要求，目前修复后期监测与评估正在进行中。

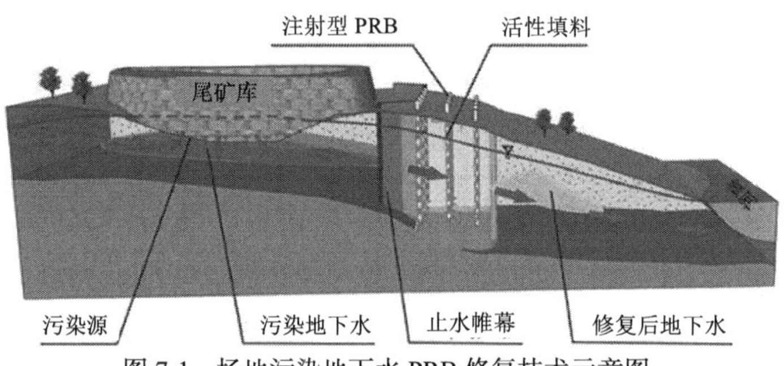

图 7-1　场地污染地下水 PRB 修复技术示意图

图 7-2　场地 PRB 修复技术示范基地

稀土金属冶选尾矿库周边污染地下水 PRB 修复技术绿色友好，操作成本低廉，实现了绿色与可持续地下水修复（green and sustainable remediation, GSR）的战略理念，对我国典型地区污染场地地下水修复具有重要借鉴意义。

一、场地条件介绍

场地名称：中国包头包钢稀土金属冶选尾矿库污染场地

（一）地理位置与气候特征

本场地位于内蒙古包头市西南方向 3 km 处。本场地围绕尾矿场北起包银公路，南至黄河共计面积约 200 km^2。区内地貌单元有哈德门沟冲洪积扇、昆都仑河冲洪积扇和黄河冲积平原。尾矿库即位于哈德门和昆都仑河冲洪积扇前缘交汇处，黄河平原分布于尾矿场南 500~1000 m 被夷平的黄河二级阶地至黄河之间，地势北高南低，平均坡降约 4‰。

当地气侯特征：冬长夏短，一月份最冷，平均气温–12.3℃；夏季炎热，平均气温 22.8℃；年平均降水量 308.9 mm，多集中于 7~9 月份；年蒸发量 3242 mm，为降水量的 7.6 倍；干燥度为 1.8~20。

（二）地质与水文地质特征

研究区为第四纪地层发育，最大厚度近千米，由老至新分别为 Q1~2 黄色黏性土及砂砾组，Q3 淤泥砂砾组，Q4 砂土砾石组。区内地下水有潜水与承压水两类。承压水赋存于 Q1~2 砂砾含水层，埋深一般为 50~120 m，潜水主要赋存于 Q4 砂砾粉砂组地层，是本次评价的主要对象。在潜水与承压水之间，有厚度 30~100 m 的湖相淤泥层构成隔水层，两者无水力联系。按潜水含水层的成因与组成，可划分为山前冲洪积平原孔隙潜水和黄河冲洪积平原孔隙潜水两个水文地质单元。

山前冲洪积平原孔隙潜水含水层的组成与厚度，自北而南顺序变细变薄，渗透系数 2.28~21.79 m/d，水位埋深 1~35 m，水力梯度 2‰~4‰，其补给来源主要为山区地下水径流和大气降水。水质化学类型逐渐由 HCO_3-Ca·Na 型变为 SO_4-Na 型水。

黄河冲洪积平原孔隙潜水区的含水层，主要由黄河冲积的含黏性土粉细砂所组成，渗透系数 1.41~16.72 m/d，流速缓慢，水位埋深 0.5~3.0 m。其循环方式以垂直渗入蒸发为主，因而促进盐分的积累。水质矿化度一般为 1~3 g/L，个别井达 10 g/L。水质化学类型分别为 HCO_3-Na 和 SO_4-Cl-Na 型。其补给来源除大气降水外，还有山前冲洪积平原的地下径流、地面融冻水、工业废水污灌和引黄灌溉等多种补给。

区域水文地质单元南北边界分别为黄河和大青山山前断裂。根据地貌形态，包头地区可分为两个相对独立的水文地质单元（图 7-3），由 8 个冲洪积扇组成的山前冲洪积扇群和南部的黄河冲积平原。2 个水文地质单元在垂向上均有上部潜水和下部承压水，两层之间有相对稳定的、厚度 20~30 m 的黏土层，但大量混合开采井连通了上下两个含水层，使之产生水力联系。冲洪积扇中上部潜水含水层由砂砾石组成，在本区最大的昆都仑扇厚度为 15~30 m，其他扇上厚度为 10~20 m；在扇缘地带含水层由粉细砂组成，厚度为 5~10 m。黄河冲积潜水含水层由细砂和粉砂组成，厚度为 10~25 m。承压含水层在昆都仑扇和东达本坝扇一带最厚，达 40~70 m，含水层由砂砾卵石组成；其他地段为中细砂和粉砂，厚度为 20~40 m，在扇缘地段可小于 10 m。潜水和承压含水层水质整体良好，大部分为 HCO_3-Ca-Mg 型水，矿化度一般小于 0.5 g/L，只是潜水含水层在扇缘地带矿化度达 1~2 g/L。

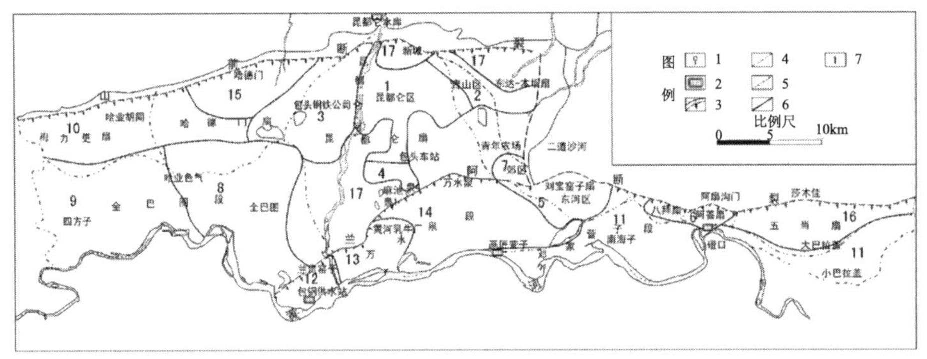

图 7-3　包头市水文地质分区

1.泉；2.供水水源；3.断层；4.水文地质分区界线；5.潜水基本疏干线；6. 管理分区界线；7. 管理分区号

（三）尾矿库概况

包钢尾矿库于 1959 年开始建设，于 1963 年基本建成，于 1965 年 8 月投产。整个库区面积约 10 km^2，坝体周长 11.5 km。设计堆积坝标高为 1045 m，坝高 20 m，有效库容 0.6883 亿 m^3。1995 年由鞍山设计院对尾矿库进行加高扩容改造设计。现堆积坝标高 1047 m，坝体相对高度 22 m。目前，尾矿库水位标高 1045.31 m，尾矿坝体内 1031 m、1034 m、1043 m 标高处埋有三条排渗管，用于排出坝体内渗水。

包钢尾矿库尾矿粉以循环水冲渣方式通过露天流槽排入坝内。尾矿库库坝一期坝设计标高为 1045 m，总库容为 0.85 亿 m^3，有效库容为 0.688 亿 m^3。二期坝前期将坝体增加 10 m，使坝体标高到 1055 m，后期再将坝体增高 10 m，使坝体到闭库时达到最终设计标高 1065 m。尾矿堆积坝总库容达到 2.338 亿 m^3。目前一期工程已经完成。尾矿坝平均年上升速度为 1 m，尾矿堆积坝目前堆积标高最高为 1048 m，尾矿沉积滩坡度为 0.8%~0.5%，目前库内沉积干滩长度在 300~350 m。

包钢尾矿库为上游式尾矿堆筑堆积坝，浓缩后的尾矿经联合泵站加压输送到坝前进行多管分散放矿，形成稳定的冲积滩后，进行机械筑坝，子坝由机械堆筑碾压。子坝的规格为上宽 2 m，下宽 6 m，坡比为 1∶2，每堆筑三层子坝设置一条马道，并上移矿浆管道一次，马道宽 10 m，子坝的坝肩叠压 2 m，形成的筑坝外坡整体坡度为 1∶6，筑成后在表面覆土 0.3 m。排矿泵间距大约为 50 m。

依据现有地质、水文和水文地质数据及尾矿库史，初步建立了尾矿库周边水文地质概念模型，如图 7-4 所示。

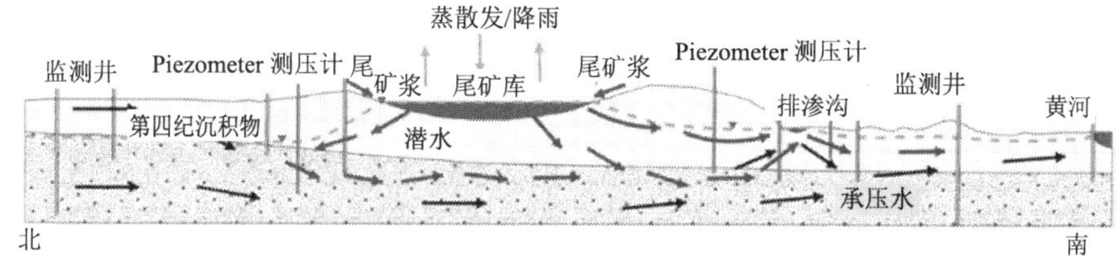

图 7-4　尾矿库周边水文地质概念模型示意图

二、PRB 设计

（一）场地污染地下水修复技术的筛选

根据前期场地调查及分析确定包钢稀土尾矿库周边地下水的主要污染因子为 SO_4^{2-}。大多数硫酸盐在水体中溶解度大，性质稳定，容易积累。硫酸盐在水环境中增多会导致水体酸度变高，pH 降低，水中动植物受到危害，并使水具有较强的侵蚀性。用含硫酸盐水浇灌土地，会改变土壤的构造，造成土地结块，使农产品的产量和质量下降。当饮用水中硫酸盐浓度大于 250 mg/L 时，人饮用后会产生腹泻等现象。因此，对含有过高浓度 SO_4^{2-}的地下水进行修复是必要的。

目前，水体中去除 SO_4^{2-}的方法主要有吸附法、离子交换法、化学沉淀法、冷冻法和 SRS 膜法等。

1. 吸附法

含 SO_4^{2-}的水体与多孔固体物料充分接触时，液相中某一组分或多个组分有选择性在固体表面处产生积蓄。吸附法的关键在于寻找一种吸附性能优良，可重复性较高，吸附能力相对稳定的吸附材料。吸附法去除水体中 SO_4^{2-}的研究很多，常见的 SO_4^{2-}吸附剂有焙烧水滑石、氢氧化锆、柱撑蒙脱石、针铁矿、氢氧化铁等。其中水滑石、沸石、氢氧化锆等是常用的吸附剂。

（1）水滑石

水滑石材料属于阴离子型层状化合物，具有层状结构、层间离子具有可交换性。利用层状化合物主体在强极性分子作用下所具有的可插层性和层间离子的可交换性，将一些功能性客体物质引入层间空隙并将层板距离撑开从而形成层柱化合物。水滑石的基本结构式为 $M^{2+}{}_{1-x}M^{3+}{}_{x}(OH)_2(A^{n-})_{x/n}\cdot mH_2O$，$M^{2+}$和 M^{3+}分别代表二价和三价阳离子，A^{n-}代表 n 价阴离子。水滑石类化合物（LDHs）是一类具有层状结构的新型无机功能材料，LDHs 的主体层板化学组成与其层板阳离子特性、层板电荷密度或者阴离子交换量、超分子插层结构等因素密切相关。其焙烧产物对水中 SO_4^{2-} 有良好的吸附能力，pH 较小时吸附效果好，适用于偏酸性污染水处理。该吸附剂热稳定性好，pH 在 4~5 时对 SO_4^{2-} 的去除效果最好。

（2）氢氧化锆

由于 SO_4^{2-} 对 Zr^{4+}具有强烈的亲和性，因此，采用 $ZrO(OH)_2$ 作为 SO_4^{2-} 的吸附剂在处理高浓度 SO_4^{2-} 含量时效果显著。$ZrO(OH)_2$ 可选择性地吸附水体中的 SO_4^{2-}，该过程是一种化学吸附，其吸附反应为：

$$\equiv(O)_2Zr(OH)_2 + SO_4^{2-} + 2H^+ \longrightarrow \equiv(O)_2Zr(O_2SO_2) + 2H_2O$$

$ZrO(OH)_2$ 对 SO_4^{2-}的吸附率随 pH 的减小而增大，但 pH 太小，即 H^+浓度过高时，发生如下反应：

$$ZrO(OH)_2+2HCl \rightarrow ZrOCl_2+2H_2O$$

$$ZrO(OH)_2+4HCl \rightarrow ZrCl_4+3H_2O$$

由于 $ZrOCl_2$ 易溶于水，导致使用过程中 $ZrO(OH)_2$ 流失，所以，在实际使用时 pH 不宜过低。尽管 $ZrO(OH)_2$ 的价格较高，但由于其可以再生循环使用，而且它的溶度积（$K_{sp}=6.3\times10^{-49}$）很小，是一种极难溶的物质，所以，$ZrO(OH)_2$ 采购费用几乎是一次性的，而吸附和脱附再生时使用的 HCl 和 NaOH 都较为廉价。

2. 钡法

钡法去除 SO_4^{2-} 有 $BaCl_2$ 法和 $BaCO_3$ 法两种。$BaCl_2$ 法是利用 $BaCl_2$ 与 SO_4^{2-} 反应生成 $BaSO_4$ 沉淀而去除 SO_4^{2-}；$BaCO_3$ 法是依据 $BaCO_3$ 与 $BaSO_4$ 溶度积的差异

而实现水体中 SO_4^{2-}去除。上述两种方法去除水体中 SO_4^{2-}的效率高，但钡盐成本较高，且毒性较大。

3. SRS 膜分离技术

SRS 膜是一种毫微米级过滤技术分离脱除 SO_4^{2-}工艺，类似于逆向渗透膜技术。它目前已广泛应用于化工及纸浆漂白等工业方面，SRS 技术的关键在于其中有一层 NF 膜，它可以有效地从盐水溶液单价阴离子（如 Cl^-）中分离出多价阴离子，如 SO_4^{2-}。该法具有投资回报快、操作成本低、废液排放量低、操作方便、生产运行便于控制等优点，但不适用于地下水的原位修复。

4. 离子交换法

离子交换法是用离子交换树脂去除水中 SO_4^{2-}的方法，具有吸附脱附速率快、耐氧化、损失小、操作方便、树脂再生后可重复使用等优点。离子交换树脂是一类带有可离子化基团的三维网状高分子材料，其外形一般为颗粒状。单元结构主要由单体、交联剂和交换基团三部分组成。去除 SO_4^{2-} 时，通过离子交换基团上的官能团达到脱除水中溶解性污染离子的目的。常用的阴离子交换树脂有 D301、A400 等。

5. 生化法

生化法的本质是利用微生物的代谢作用将水体中的硫酸盐转化为气体或固体，从而达到降低水体中硫酸盐的目的。在缺氧条件下生物反应是还原过程，SO_4^{2-}在反应系统中被还原成 H_2S。目前主要有好氧生物法和厌氧生物法。好氧处理一般会应用于 SO_4^{2-} 含量高的水体中，可选择深井曝气法、生物流化床法或纯氧活性污泥法等。生物法处理高浓度 SO_4^{2-} 废水的工艺存在启动时间较长、处理速度慢、效率低、有机物消耗量大等问题。

根据地下水修复技术的优缺点以及目前污染物 SO_4^{2-} 的去除技术，本研究采用 SO_4^{2-} 的吸附和离子交换材料作为 PRB 的反应介质（填料），去除包钢稀土金属冶选尾矿库渗漏地下水中的 SO_4^{2-}。

（二）PRB 修复材料的筛选

1. 筛选 SO_4^{2-} 吸附材料的实验可行性研究

考虑到修复材料的吸附性能及作为 PRB 填料的适用性，实验从多种吸附材料及离子交换材料中筛选出针对 SO_4^{2-} 有强吸附能力和大交换容量的材料，如凹凸棒土、硅藻土、水滑石、LDH-B、改性活性炭、生物炭及离子交换树脂等研究其对水中SO_4^{2-}的去除能力。在室温（25℃）下，SO_4^{2-}初始浓度为 20 mg/L、固定吸附材料的投加浓度为 20 g/L 的条件下进行SO_4^{2-}去除吸附试验，吸附时间为 10 h。各材料去除SO_4^{2-}的性能如表 7-1 所示。

表 7-1　不同修复材料对溶液中 SO_4^{2-} 的去除率

吸附材料	SO_4^{2-} 去除率/%
活性炭	45.9
生物炭	37.7
硅藻土	1.6
凹凸棒土	14.5
沸石	33.5
层状双金属氢氧化物（LDH）	24.9
氢氧化锆	77.1
阴离子交换树脂 D301	98.9

实验结果表明，与其他吸附材料相比，氢氧化锆（$ZrO(OH)_2$）和阴离子交换树脂 D301 对SO_4^{2-}的去除效果较为理想，因此，该研究选取了 $ZrO(OH)_2$ 和阴离子交换树脂 D301 开展条件试验，优化试验参数。

2. 氢氧化锆去除水体中SO_4^{2-}的实验研究

（1）不同氢氧化锆投加浓度条件下氢氧化锆对SO_4^{2-}去除效果的影响

固定SO_4^{2-}初始浓度为 100 mg/L，研究不同氢氧化锆投加浓度条件下氢氧化锆对SO_4^{2-}的去除效果。实验设置的氢氧化锆投加浓度为 0.1 g/L、1 g/L、5 g/L、10 g/L 和 20 g/L。如图 7-5 所示，氢氧化锆对SO_4^{2-}的去除率随着氢氧化锆投加浓度的增加而增加；当氢氧化锆的投加浓度为 20 g/L 时，溶液中SO_4^{2-}的去除率达到 98.3%。

此外，实验结果还表明，随着氢氧化锆投加浓度的增加，单位质量氢氧化锆对SO_4^{2-}的吸附量降低。根据上述实验结果，氢氧化锆对SO_4^{2-}的最大吸附容量可达 36.2 mg/g。

（2）不同 pH 条件下氢氧化锆对SO_4^{2-}去除效果的影响

固定氢氧化锆投加浓度为 10 g/L，研究不同 pH 条件下氢氧化锆对SO_4^{2-}去除效果的影响，结果如图 7-6 所示。

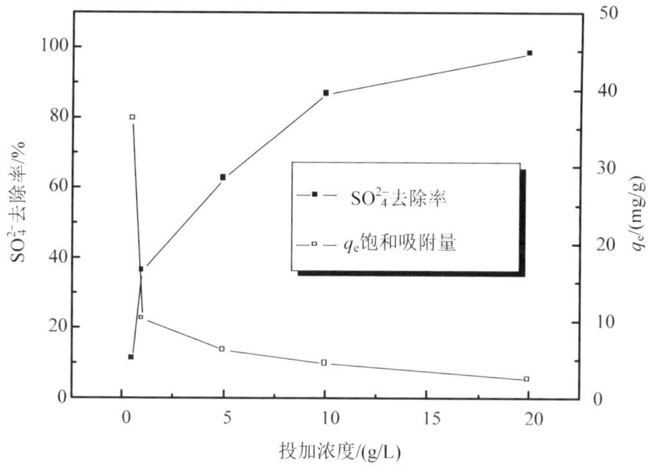

图 7-5 不同 $ZrO(OH)_2$ 投加浓度对 SO_4^{2-}的去除效率和吸附量的影响

由实验结果可知，当 pH 在 2~3 时，SO_4^{2-}去除率较高，均在 90%以上。随着 pH 增加，去除率降低。据文献参考，因氢氧化锆吸附 SO_4^{2-}反应第一步是其质子化作用，即：

$$\text{Zr-OH} + H^+ \rightarrow \text{Zr-}OH_2^+ \tag{7-1}$$

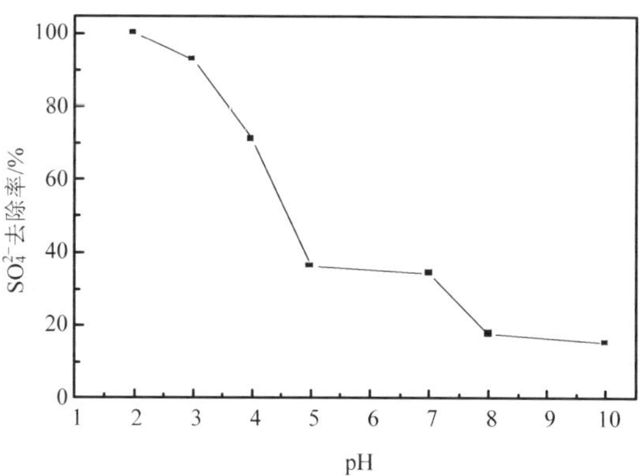

图 7-6 不同 pH 对 $ZrO(OH)_2$ 去除 SO_4^{2-}的影响

此时氢氧化锆吸附反应要消耗 H^+，随着 pH 增加（即 H^+减少）其对 SO_4^{2-}的吸附能力降低。在吸附 SO_4^{2-}过程中，由于溶液中的 H^+被不断消耗，反应后溶液 pH 会升高，影响 SO_4^{2-}的进一步去除。

（3）不同反应时间氢氧化锆对 SO_4^{2-} 去除效果的影响

固定氢氧化锆投加浓度为 10 g/L，pH 为 6.2，研究不同反应时间内，氢氧化锆对 SO_4^{2-} 的去除效果影响，结果如图 7-7 所示。

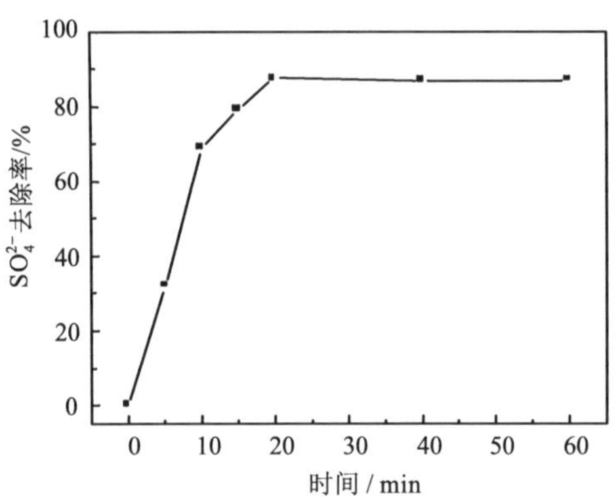

图 7-7　不同反应时间 SO_4^{2-} 浓度的变化

图 7-7 的结果表明，氢氧化锆去除 SO_4^{2-} 的吸附作用过程很快，反应进行大约到 20 min 即可达到平衡。

（4）氢氧化锆脱附与再吸附试验

为考察氢氧化锆的活性再利用能力，将吸附饱和后的氢氧化锆用 50 mL 1.0 mol/L 氢氧化钠溶液中进行脱附，洗至中性后再进行吸附试验，得到再生次数对吸附容量的影响见图 7-8。

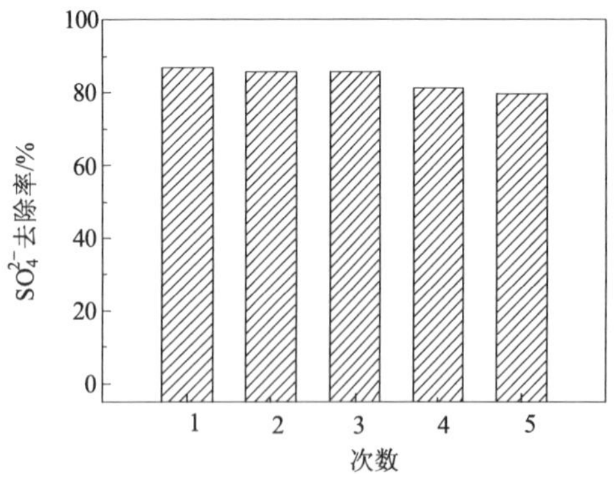

图 7-8　氢氧化锆的再生次数对吸附容量的影响

由图 7-8 可知，随着再生次数的增加，SO_4^{2-} 再吸附容量会略微有所下降：5 次再生后，氢氧化锆对SO_4^{2-}的吸附去除率为 79.6%。再生实验表明，再生处理后的吸附剂氢氧化锆依然具有较好的吸附效果。

3. 阴离子交换树脂 D301 去除水体中SO_4^{2-}的实验研究

（1）不同投加浓度对SO_4^{2-}去除效果的实验研究

固定SO_4^{2-}初始浓度为 100 mg/L，研究不同投加浓度条件下 D301 对SO_4^{2-}的去除效果。实验设置的 D301 投加浓度为 0.4 g/L、1 g/L、2 g/L、5 g/L 和 10 g/L。如图 7-9 所示，D301 对SO_4^{2-}的去除率随着 D301 投加浓度的增加而增加，当 D301 的投加浓度为 10 g/L 时，溶液中SO_4^{2-}的去除率为 99.1%。

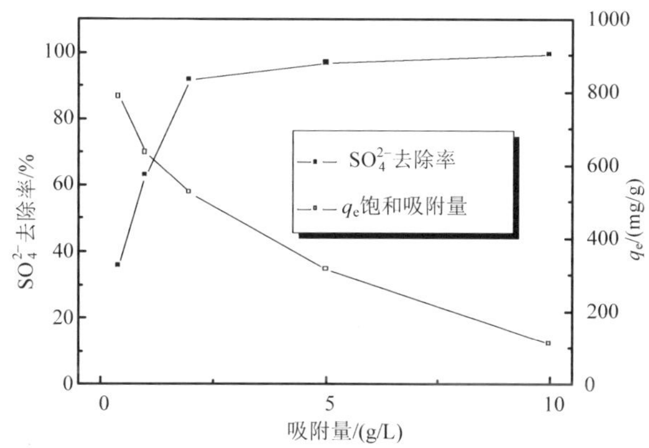

图 7-9　不同投加浓度下 D301 对SO_4^{2-}的去除效率和吸附量

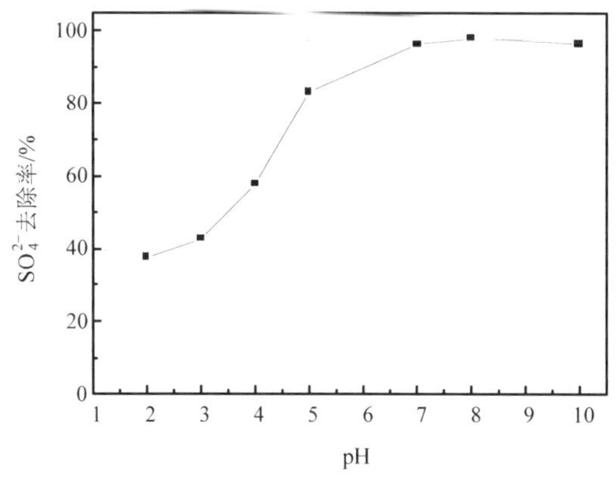

图 7-10　不同 pH 对 D301 去除SO_4^{2-}的影响

此外，实验结果还表明，随着 D301 投加浓度的增加，单位质量 D301 对SO_4^{2-}

的吸附量降低。根据上述实验结果，D301 对SO_4^{2-}的最大交换容量可达 787.5 mg/g。

（2）不同 pH 条件下 D301 对SO_4^{2-}去除效果的影响

固定 D301 投加浓度为 5.0 g/L，研究不同 pH 条件下 D301 对SO_4^{2-}去除效果的影响，结果如图 7-10 所示。

由图 7-10 的结果可知，在 pH 为 7~10 的中性及碱性范围内，SO_4^{2-}去除率较高，均在 95%以上。随着 pH 降低，由于 D301 的羟基基团和溶液中的 H^+发生反应，导致其表面的羟基量减少，导致SO_4^{2-}的去除率降低。

（3）不同反应时间 D301 对SO_4^{2-}去除效果的影响

固定 D301 投加浓度为 5.0 g/L，初始溶液 pH 为 6.2，研究不同反应时间对 D301 去除SO_4^{2-}的效果影响，结果如图 7-11 所示。

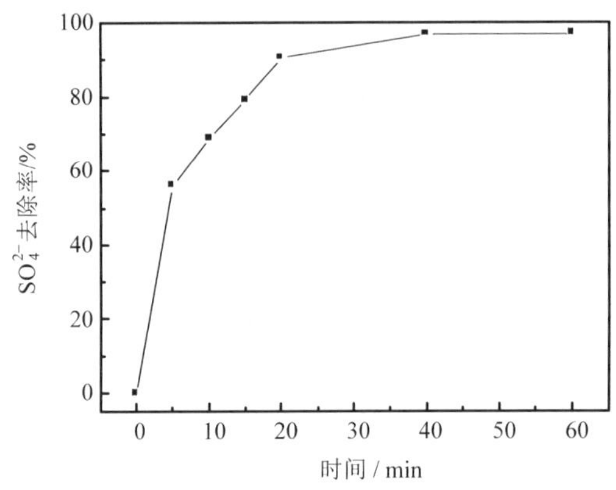

图 7-11　不同反应时间SO_4^{2-}浓度的变化

图 7-11 的结果表明，D301 对SO_4^{2-}的吸附作用过程较为迅速，反应进行 40 min 即可达到平衡。

实验还检测了不同反应时间 D301 吸附SO_4^{2-}过程中 pH 的变化，结果如图 7-12 所示。

图 7-12 的结果表明，随着 D301 离子交换反应时间的增加，溶液 pH 逐渐增加。这是因为 D301 与SO_4^{2-}接触时，SO_4^{2-}不断地与 D301 表面的—OH 发生离子交换，随着反应的进行，被置换的 OH^-在溶液中逐渐增加，引起溶液中 pH 上升。

（4）D301 活性再生试验

为考察 D301 的活性再利用能力，将离子交换饱和后的 D310 在 50 mL 质量浓度为 6%氯化钠溶液中进行脱附，洗至中性后再进行吸附试验，得到再生次数对吸附容量的影响见图 7-13。

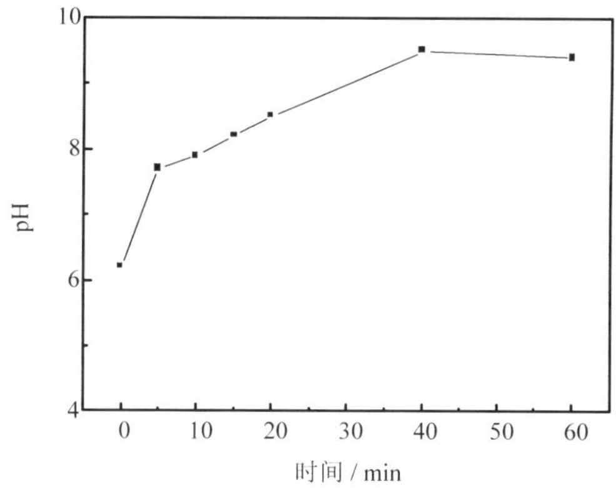

图 7-12　不同反应时间溶液 pH 变化

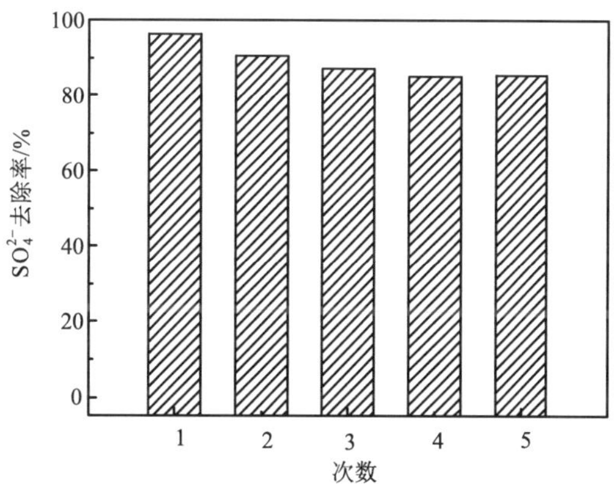

图 7-13　D301 的再生次数对吸附容量的影响

由图 7- 13 可知，随着再生次数的增加，SO_4^{2-} 再吸附容量会略微下降，5 次再生后，D301 对 SO_4^{2-} 的吸附去除率为由 96.2%下降至 85.5%。再生实验表明，再生处理后的吸附剂 D301 对 SO_4^{2-}依然具有较好的吸附效果。

（5）地下水中常见阴离子（Cl^-、F^-、HCO_3^-、CO_3^{2-}）对 D301 去除 SO_4^{2-} 的影响

Cl^-、F^-、HCO_3^-、CO_3^{2-} 等离子是包钢尾矿库受污染地下水体中常见的阴离子。当用阴离子交换树脂 D301 处理废水时，这些无机阴离子可能会与 SO_4^{2-} 竞争树脂上的可交换离子，导致树脂对 SO_4^{2-} 有效交换容量下降。为了考察 Cl^-、F^-、HCO_3^-和 CO_3^{2-} 等离子对 SO_4^{2-} 去除效果的影响，在 100 mg/L SO_4^{2-} 溶液中分别添加等浓度的 Cl^-、F^-、HCO_3^-和 CO_3^{2-}，考察上述离子单独存在时对 SO_4^{2-}去除效果的影响。结果如图 7-14 所示。

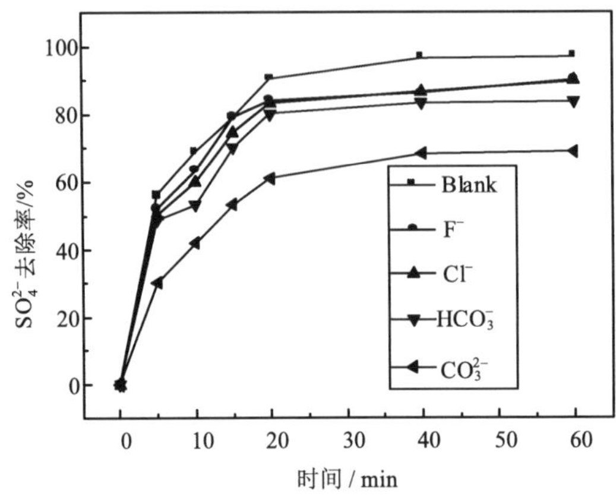

图 7-14　Cl^-、F^-、HCO_3^- 和 CO_3^{2-} 对 D301 去除 SO_4^{2-} 效果的影响

由图 7-14 可以观察到，溶液中 Cl^-、F^-对 D301 吸附 SO_4^{2-} 的效果影响较小，HCO_3^-和 CO_3^{2-} 对 D301 吸附 SO_4^{2-} 的效果影响较为明显，存在竞争性吸附。这是由于普通阴离子交换树脂对不同阴离子的交换能力不同，HCO_3^-和 CO_3^{2-} 相比 Cl^-和 F^-更易取代阴离子交换树脂中的交换基团而对 SO_4^{2-} 去除产生较大的影响。

上述实验结果表明，D301 是 SO_4^{2-} 的理想吸附材料，然而 D301 价格较高，且单独作为 PRB 填料使用时，由于材料相互挤压作用，孔隙会相对较小，不易于地下水流通过，会影响 SO_4^{2-} 的去除效果。前期材料筛选的结果也表明生物炭和沸石对 SO_4^{2-} 也具有一定的吸附作用，且这两种材料价格相对较低。因此选择生物炭和沸石作为支撑材料，添加到 PRB 中。

4. 生物炭去除水体中 SO_4^{2-} 的实验研究

（1）生物炭的制备与表征

实验选择以稻壳为前驱体、300℃条件下制备生物炭。生物炭的理化性质如表 7-2 所示。

由图 7-15（a）的 XRD 结果可知，生物炭在 25°处有衍射峰，说明该生物炭是无定形结构。生物炭红外谱图中 3400 cm^{-1} 对应着—OH 的振动吸收峰；1590 cm^{-1} 的吸收峰为羰基/羧基 C═O 的伸缩振动；1103 cm^{-1} 处的吸收峰为酚羟基的 C—O 基团。SEM 和 TEM 的结果表明，生物炭为片状结构，其表面含有微孔（图 7-16）。

表 7-2　生物炭的理化性质

分析项目	结果
比表面积	365 m^2/g
总孔容率	0.9 m^2/g
粒径	1~3 mm
干燥碱量	10.1
pH	9.4

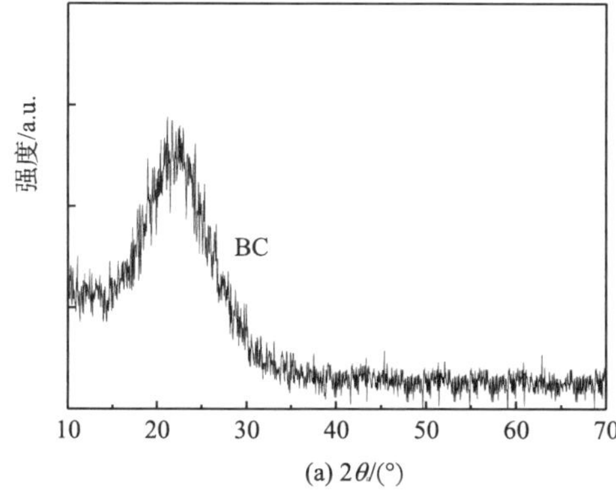

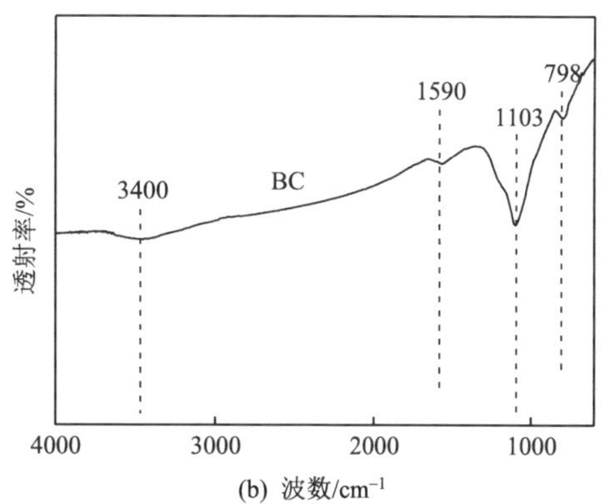

图 7-15　生物炭的 XRD（a）与 FT-IR（b）图谱

(a)

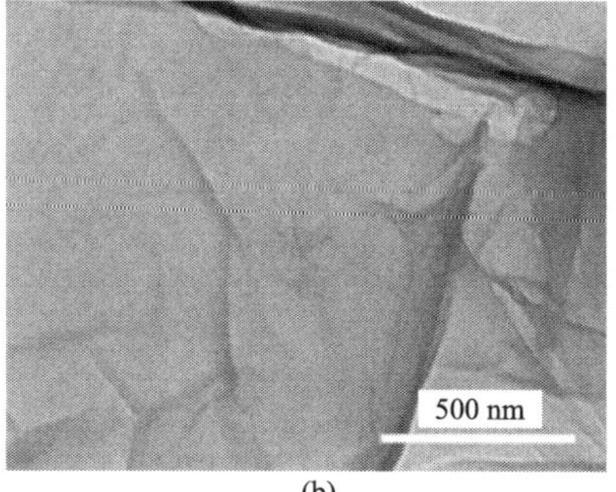

(b)

图 7-16　生物炭的 SEM（a）与 TEM（b）图谱

（2）生物炭去除水体中SO_4^{2-}的实验研究

实验研究了生物炭的投加浓度、不同 pH、不同反应时间条件下对SO_4^{2-}的去除效果。结果如图 7-17、图 7-18 所示。实验结果表明，生物炭对SO_4^{2-}具有良好的吸附性能，其最大吸附容量为 58.3 mg/g。

随着生物炭投加量的增加，其对SO_4^{2-}的去除率也随之增大；另外随着 pH 增大到 7 左右，生物炭对SO_4^{2-}的去除效果最好，当 pH 继续增大时，去除率又会有所下降。地下水属于中性环境，适合生物炭去除SO_4^{2-}。

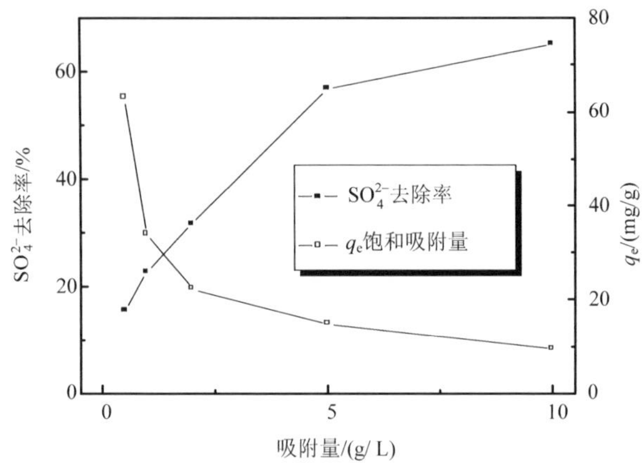

图 7-17　不同生物炭投加浓度对SO_4^{2-}去除效果的影响

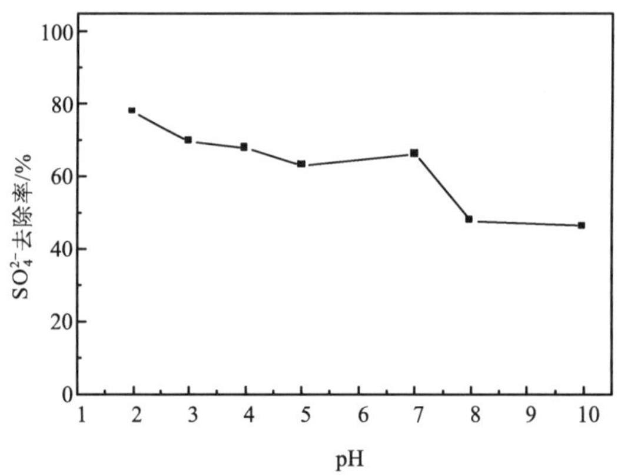

图 7-18　不同 pH 对生物炭去除SO_4^{2-}的影响

5. 地下水的修复材料柱实验研究

柱实验可以简单地模拟地下水流通过活性材料的过程。通过模拟可以确定活性材料的饱和吸附容量以及对不同污染物达到吸附饱和的时间，对实际工程设计具有重要的参考价值。

柱实验实施过程为在离子交换柱的入口处通入溶液，接近入口处的离子修复材料（吸附、离子交换等）首先进行吸附作用或离子交换作用，并最先达到吸附或离子交换饱和。随着溶液不断涌入，有效吸附或离子交换段不断下降，流出液中离子浓度不断增大，最终全部修复材料达到饱和吸附或离子交换柱最终穿透。

以出口溶液浓度与入口溶液浓度的比值作为纵坐标，时间作为横坐标，以此作图得到离子交换柱的穿透曲线。研究吸附或交换柱入口浓度、溶液流速、交换柱柱高度对穿透曲线的影响，以期为工程应用提供参考。实验的装置如图 7-19 所示。

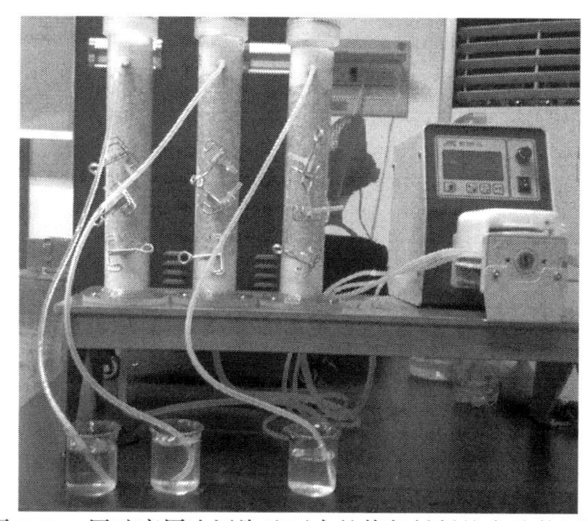

图 7-19　尾矿库周边污染地下水的修复材料柱实验装置图

（1）混合修复材料渗透系数测定

活性填料的渗透系数对于污染水流能否通过活性区域有决定性作用，当活性区域渗透系数小于周边区域渗透系数时，污染水流会绕过活性区域从周边流走，即无法达到修复的目的。因此，需要实验测定不同比例生物炭、沸石、D301 的渗透系数，以确定最佳比例进行中试区修复示范。

渗透系数的测定方法有常水头和变水头两种方式，常水头测定方法适合测定渗透系数较大的材料（$k>10^{-3}$ cm/s），变水头测试方法适合测定渗透系数较小材料（$k<10^{-3}$ cm/s）。前期抽水实验结果表明，中试区渗透系数为 5×10^{-3} cm/s，活性填料的渗透系数需大于该渗透系数，因此选择常水头方法测定，示意图见图 7-20，实验原理如下：

在透明塑料筒中装填截面为 A，长度为 H 的饱和试样，打开水阀，使水自上而下流经试样，并自出水口处排出。待水头差 Δh 稳定后，量测经过一定时间 t 内流经试样水的体积 Q，则：

$$Q = vAt;$$

根据达西定律，$v=Ki$，则

$$Q=K(\Delta h/L)At$$

$$K=QL/\Delta h\,At$$

式中，t 为测量时间；Q 为 t 时间段流经试样水的体积；A 为试样截面积；L 为测压管距离；Δh 为水头差；v 为 t 时间段水的流速；i 为水力梯度；K 为试样渗透系数。

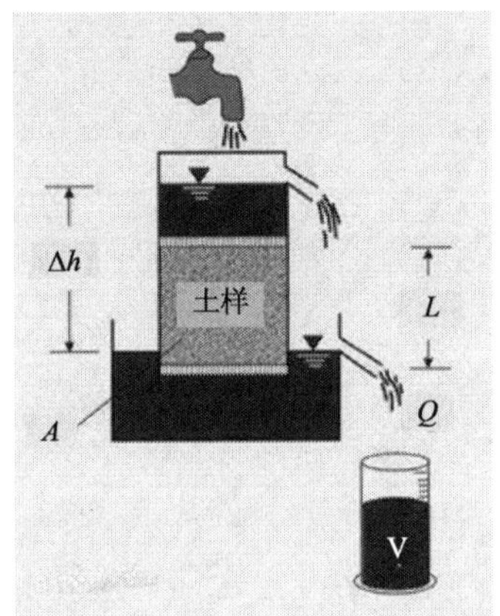

图 7-20　常水头实验法测定渗透系数示意图

实验采用试样长度为 30 cm，横截面面积为 78.5 cm^2，测压管距离为 10 cm，实验结果如表 7-3 所示。

表 7-3　不同比例生物炭∶沸石∶D301 渗透系数测试结果

生物炭∶沸石∶D301	1∶0.5∶1			1∶1∶1			1∶2∶1			2∶1∶1		
实验次数	1	2	3	1	2	3	1	2	3	1	2	3
经过时间/s	120											
水位差/cm^{-1}	4.10	3.80	3.90	4.00	3.80	3.60	3.80	4.0	3.50	4.20	4.00	3.70
水力梯度/cm^{-1}	0.41	0.38	0.39	0.4	0.38	0.36	0.38	0.4	0.35	0.42	0.4	0.37
渗透量/mL	19.53	18.02	18.54	37.46	35.30	33.40	42.30	45.18	38.62	74.58	70.47	64.78
渗透系数/（m/d）	4.37	4.35	4.36	8.59	8.52	8.51	10.21	10.36	10.12	16.35	16.22	16.12
平均值/（m/d）	4.36			8.54			10.23			16.23		

（2）SO_4^{2-} 修复材料柱实验研究

按 1∶1∶1 的比例，向上述的离子交换柱中装入一定体积的生物炭、沸石和

D301，将其压紧，尽量不留空隙。在室温下以设定的流速 V_{in}=25 mL/min，在同一高度处流入浓度分别为 500 mg/L、1000 mg/L 和 1500 mg/L 时不同浓度的SO_4^{2-}溶液。每隔一段时间，在出口处接取一定体积的流出液，测定流出液中的SO_4^{2-}含量。当流出液浓度与流入的SO_4^{2-}浓度相同时，该离子交换柱完全穿透，停止试验。

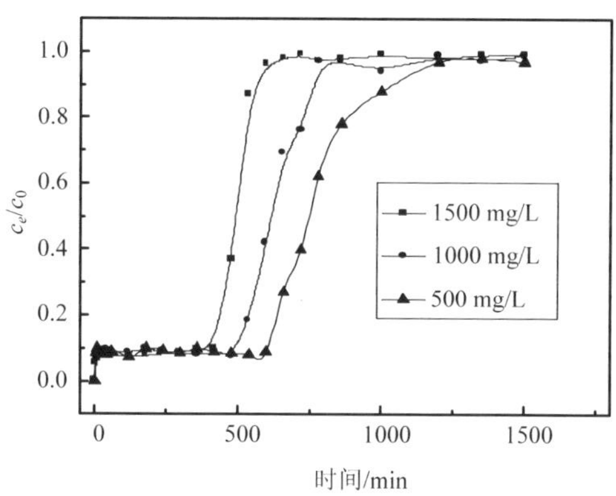

图 7-21　1∶1∶1 比例 D301∶沸石∶生物炭对SO_4^{2-}穿透曲线

如图 7-21 所示，当入口SO_4^{2-}浓度分别为 1500 mg/L、1000 mg/L 和 500 mg/L 时，其穿透时间分别为 540 min、780 min 和 1200 min，穿透体积分别为 13.5 L、19.5 L 和 30 L，穿透吸附量分别为 20 250 mg、19 500 mg 和 15 000 mg。

三、PRB 安装

（一）尾矿库周边污染地下水 PRB 修复区域选择

基于前期研究区地下水调查结果、含水层水文地质情况及 PRB 设置条件的思考，包头尾矿库周边受污染地下水 PRB 修复示范区为尾矿库下游 GW7 监测井所在区域，其地理位置如图 7-22 所示。

（二）PRB 修复技术设计方案

根据实验小试结果及材料的经济适用性，中试示范区 PRB 的活性填料选择使用比例为 1∶1∶1 的 D301∶沸石∶生物炭∶混合材料。考虑到 PRB 的结构类型及实际场地情况，PRB 的构建将采用钻孔的方式进行。中试区注入式 PRB 修复技术示意图如图 7-1 所示。

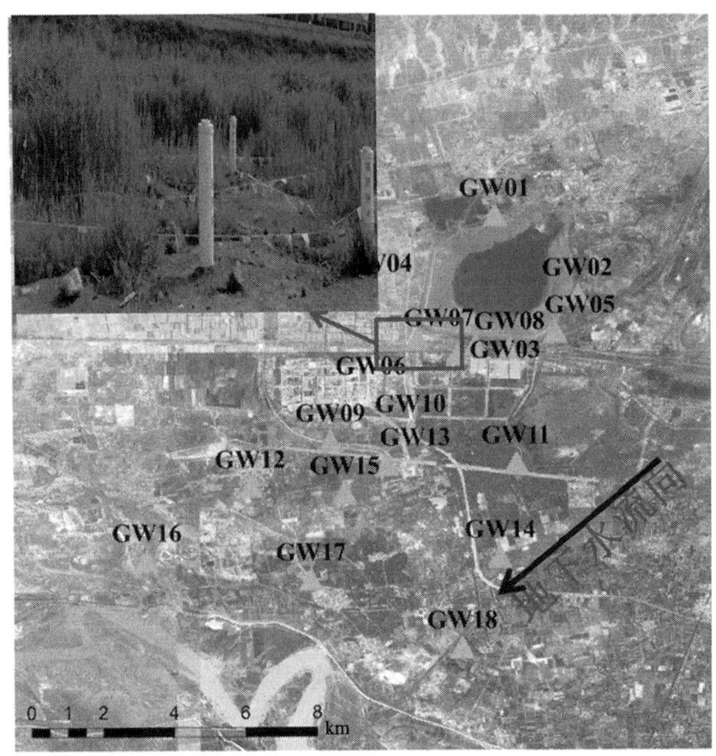

图 7-22　包钢尾矿库周边污染地下水 PRB 修复示范位置

PRB 的设计深度综合考虑研究区含水层厚度、水文地质结构以及污染羽分布。PRB 的使用寿命根据前期活性材料理论吸附容量综合后期监测数据获得。PRB 使用寿命到期后，要对填料进行更换，将吸附或离子交换饱和的材料取出经再活化后继续使用。

综合考虑 PRB 的适用性及现场条件，示范区 PRB 修复中试示范的设计如下：示范区共设置反应活性井位 3 排，共 14 个点，相邻两点之间间隔为 3 m（在相同的影响半径下，设置井之间为等边三角形可以减少井的数量）。为了引导、汇集地下水污染羽进入修复区，使硫酸根离子能充分被填料吸附，在中试区域的东西两侧分别构建了 4.5 m 的止水帷幕。注射井设计深度为 10~11 m，涵盖所在区域潜水含水层。每个注射井按 1∶1∶1 比例装入 D301∶沸石∶生物炭填料，形成半径约 1.5 m 的活性区域。设计图如图 7-23 和图 7-24 所示。

平行于地下水流向，在示范区的地下水上游、反应活性区域及示范区地下水下游分别设置监测井，每个注射井也设置监测井，共计 19 口监测井（注射井 14 口）。

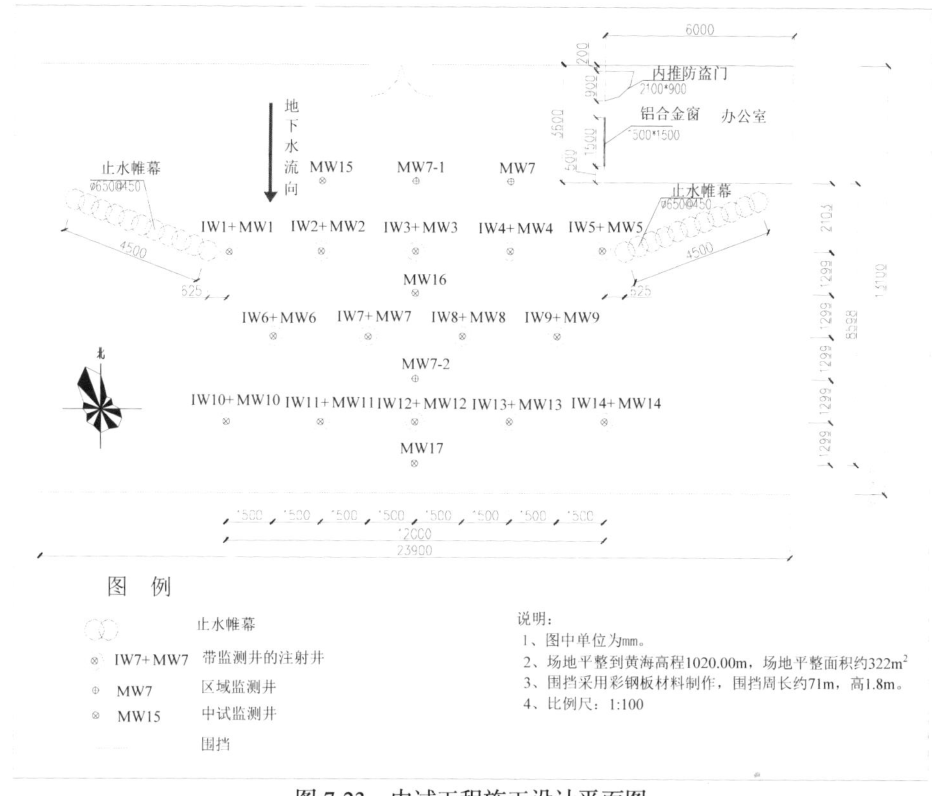

图 7-23　中试工程施工设计平面图

由前期调查计算得知中试区域的地下水流速约 0.05 m/d，若不考虑硫酸盐在矿物上的吸附和其他降解作用，则其在中试区域的停留时间为 270 d（中试区域南北方向的距离为 13.5 m）。即有足够时间进行反应。中试区域硫酸盐的浓度约为 700 mg/L，要保证修复后的地下水达到地下水Ⅲ类标准（≤250 mg/L）要求，则需要去除地下水中 450mg/L 的硫酸盐。中试区域内地下水总体积约为 200 m^3，去除的硫酸盐总量约为 90 kg。根据实验结果以及文献调研，D301 对硫酸根的吸附容量为 685 mg/g，沸石对硫酸盐的吸附容量为 27 mg/g，生物炭对硫酸盐的吸附容量为 52 mg/g，计算得到所需 D301 的量共为 1.3 t。考虑到地下水中其他阴离子的竞争作用，中试试验共使用 D301 为 2 t。中试区注射井共 14 口，按照 D301：沸石：生物炭为 1：1：1 的比例，每口井所需的每种填料的量为 143 kg，共计 429 kg 活性填料。

此外，通过模拟止水帷幕存在前后的水位变化，确定其对地下水流场的影响程度，结果如图 7-25~图 7-27 所示。模拟结果表明，水位降深范围在−0.0154 m~

0.0126 m，因此安装止水帷幕对地下水位的影响可以忽略，不会在止水帷幕上游发生洪灾的现象（负值表示水位升高，正值表示水位降低）。

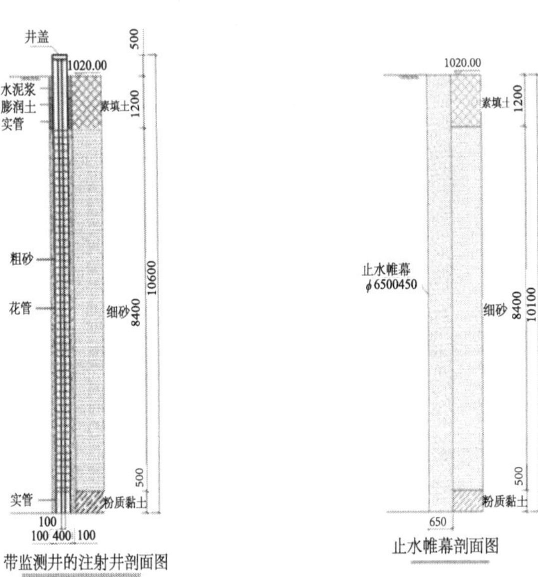

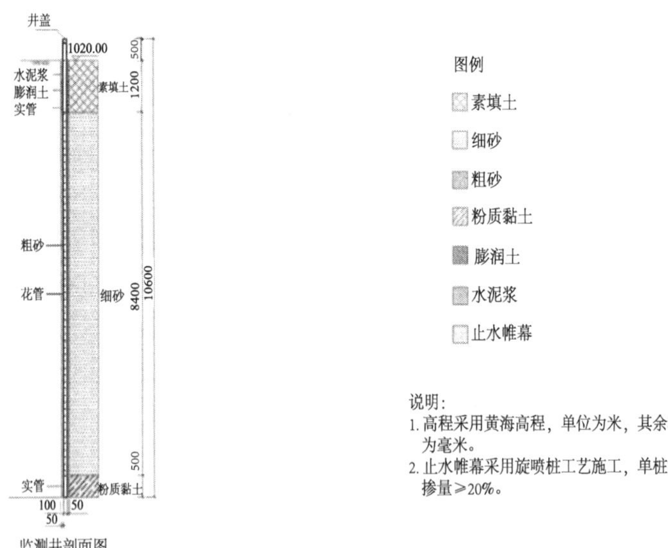

图 7-24　中试工程施工剖面图

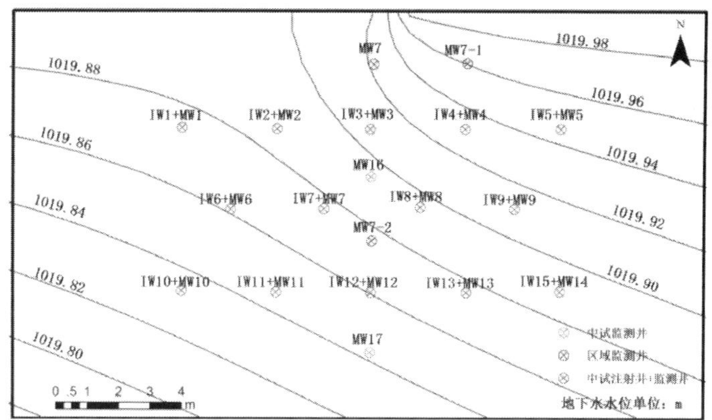

图 7-25　无止水帷幕时地下水位等值图

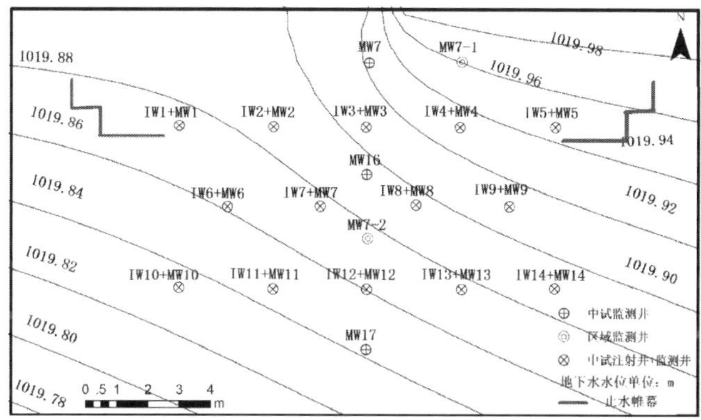

图 7-26　止水帷幕存在时地下水位等值图

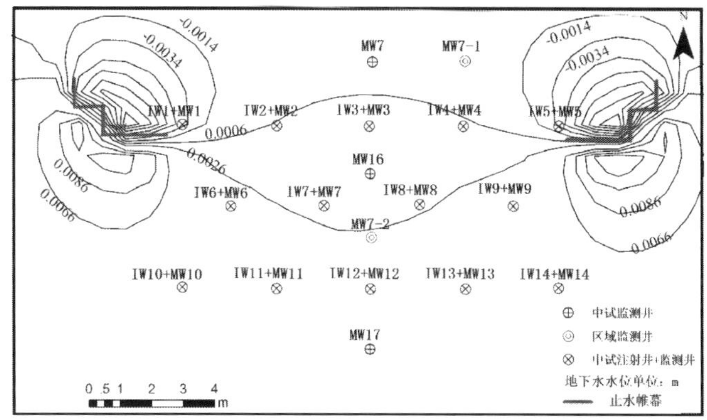

图 7-27　安装止水帷幕研究区水位降深曲线

四、PRB 性能监测及评价

于填料投加前、填料投加后 3 d、7 d、15 d、30 d 和 90 d 在示范区 19 口监测井取样检测，检测指标包括：pH、溶解氧、氧化还原电位、HCO_3^-、CO_3^{2-}、SO_4^{2-}、F^-、Cl^-、NO_2^-、NO_3^-、PO_4^{3-}、NH_4^+、K^+、Na^+、Ca^{2+}、Mg^{2+}、Fe^{2+}/Fe^{3+}、氨氮、总硬度、重金属、稀土元素、放射性元素等。重点关注平行于地下水流向监测井内污染物浓度变化，评价示范工程的修复效果。目前已检测的项目及结果如表 7-4 所示。

表 7-4　地下水修复前后水样检测结果（反应时间为 3 d）

井位编号	检测浓度（单位：mg/L）							
	SO_4^{2-}		Cl^-		Na^+		Ca^{2+}	
	修复前	修复后	修复前	修复后	修复前	修复后	修复前	修复后
MW7-1	1007.5	1056.8	593.4	597.7	827.1	646.7	117.4	128.6
MW3（注射井）	1371.4	790.94	543.9	287.6	582.4	539.8	90.1	49.5
MW-16	517.7	586.9	617.1	577.7	886.8	740.9	142.7	119.4
MW8（注射井）	510.1	214.5	296.6	204.6	215.3	118.6	91.1	36.4
MW-7-2	941.8	828.3	529.6	499.0	582.4	444.4	128.6	109.3
MW12（注射井）	672.3	259.4	451.3	368.4	398.9	238.7	104.2	64.7
MW-17	877.9	1018.0	754.0	839.9	579.2	481.6	94.1	116.4

表 7-4 的分析检测结果表明，注射井内 D301/沸石/生物炭对地下水中 SO_4^{2-}、Cl^-、Na^+、Ca^{2+}有明显的去除作用。填料反应 3 天后，8 号注射井内污染地下水中 SO_4^{2-}的浓度从 510.1 mg/L 降低到 214.5 mg/L，已达到地下水环境质量Ⅲ类标准（≤250 mg/L）。

五、总结

课题“稀土金属冶选尾矿库周边污染地下水预警防控与修复技术研发”的研究自 2013 年 1 月实施以来，完成了包钢稀土金属冶选尾矿库周边区域水文地质勘探和地下水污染调查，研发了适用于该场地污染地下水（主要污染物为硫酸盐，浓度约为 700 mg/L）的渗透反应墙 PRB 修复技术。在前期建立地下水污染概念模型及修复技术可行性认证的基础上，使用沸石：活性炭：D301 复合材料作为活性填料，开展绿色友好的污染地下水 PRB 修复技术设计及现场示范工程，建成了我国第一个落地的稀土冶选矿山地下水渗透性反应墙 PRB 修复技术示范基地。对我国典型地区污染场地的地下水修复具有重要借鉴意义。

第二节 三氯乙烯污染场地案例

一、场地条件介绍

场地名称：英国蒙克斯顿某污染场地（Paul *et al.*, 2001）（如图 7-28 所示）。

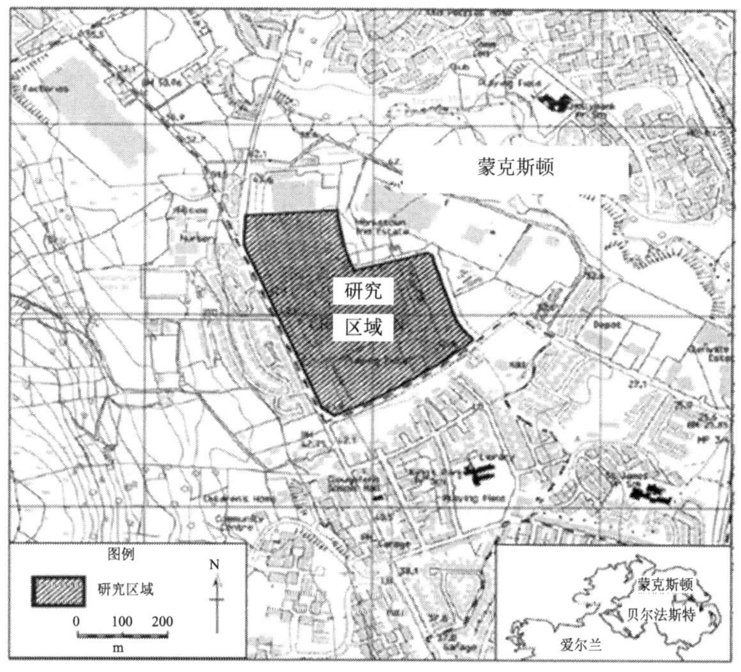

图 7-28 场地位置图

（一）场地历史描述

该场地位于北爱尔兰首府贝尔法斯特东北角的蒙克斯顿工业区，自 1962 年开始投产使用，主要用于制造和组装电子设备，直至 1985 年一直用于制造印刷电路板和组装电动机械开关设备。1985 年工厂经营转变为电话、开关站、传真机的制造和各种电子组装。20 世纪 90 年代早期被加拿大跨国远程通信公司 Nortel Networks 公司收购，用于开发和制造远程通信部件和互联网接入系统。在 1993 年至 1996 年期间，Nortel Networks 公司委托进行了几次场地环境调查作为企业尽职调查的一部分。这些调查明确了一些修复需注意到的污染区域，场地东区停车场就是本次修复工作的重点区域。这里发现了较高水平浓度的 TCE 存在于土壤和地下水中。在欧盟危险物质名录中，TCE 被认为是 3 类致癌物质，并且是场地中关注最多的污染物。为阻止厂区外迁移至毗邻的顺梯度土壤，污染地下水修复是必要的。尽管在当时没有法律法规强制要求修复本场地，Nortel Networks 公司依然着手开始自愿的清除工作，包括污染土壤的挖掘和垃圾填埋，用于处理浅层地下水的零价铁基 PRB 系统的安装。

该场地大约占地 0.15 km^2，包含 5 个大型建筑物（大概覆盖本场地一半的面积）。其余区域包括现场道路、停车场和运动场。场地南部和西部为住宅区，北部和东部为工业区。该区工业包括公共汽车停车场和新建的水泥厂。

（二）地形和排水

1993 年地形资料表明，场地最大高程差随着海拔由西向东降低为 3 m。场地坐落于贝尔法斯特湖西北面，距离水体边界大约 1.6 km。

场地区域每年降雨量大约为 1000~1200 mm。场地大部分区域由低透水性围护结构或铺砌面停车场组成。排水沟组成径流，在排向当地河流之前通过油/水分离器。

（三）地质结构描述

本场地地质情况包含超过 18 m 的表生矿床，上覆从精细到粗糙的三叠系的 Sherwood 砂岩基岩。冲积物从坚硬的棕红色黏土到夹层间断的砂浆、砂石、砂砾和泥煤之间复杂的交互演替，上覆大约 0.1~1.1m 厚的填土。

浅层地下水位埋深范围出现在 0.45 ~7.82 m。在东区停车场附近的水平地下水径流，浅层可以视为由东向东北方向的径流。计算出的水力传导率范围为 3×10^{-6}（粗粉砂）~5×10^{-9} m/s（黏土）。

（四）环境调查

开展现场调查及相关的实验室试验工作，描述场地污染及水文地质情况，并为 PRB 设计程序提供输入端。Nortel Networks 公司开展的前期调查涵盖整个场地作为尽职调查程序的一部分。后期调查集中在特定的问题区域，如 PRB 的安装地——东区停车场。

1991 年 7 月，WESA 公司开展了全部场地的初步环境回顾。这包括已经完工的综合环境目录清单、厂区人员的会议和访谈、可利用文件的综述。

1993 年 4 月，WESA 公司又开展了该场地的水文地质调查。打了 22 个钻孔，并安装了地下水监测井。获得土壤和地下水样品并进行分析。图 7-29 为钻孔位置图。

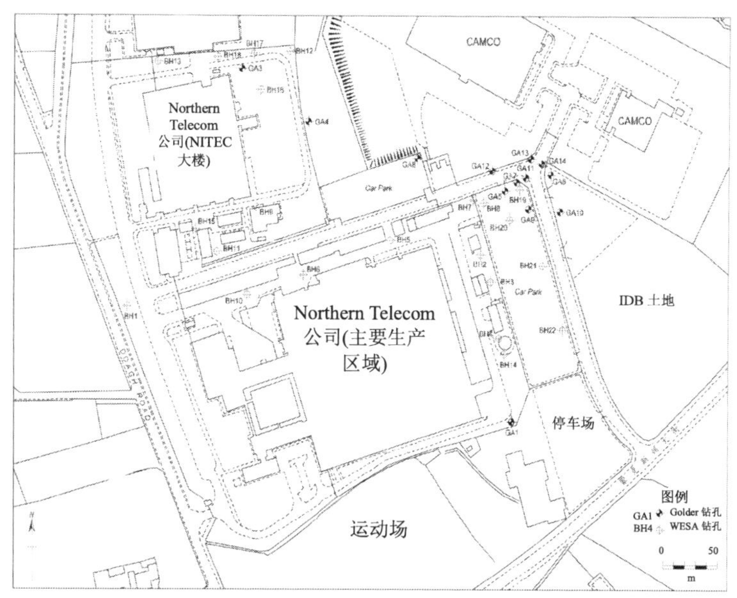

图 7-29　场地取样位置图

1993 年至 1994 年初期，Golder 联合公司对 WESA 公司的钻孔和地下水监测井实施了核查取样，并开展了额外的侵入调查，包括：

（1）沿着北部场地标的物边界进行薄层土壤蒸气调查，包含总数为 33 口已建成深度达到 1.1m 的手摇钻孔。

（2）应用缆绳振动装备横穿场地共计钻孔 14 个（钻井深度为 10m），应用高密度聚乙烯套管建成地下水监测井。采集周围地下水样品。

1994 年后期，Golder 联合公司实施了地下水径流模拟练习，用以评估场地水力学和辅助 PRB 修复方案的设计。

1995 年，加拿大滑铁卢大学地下水研究学院进行了柱处理测试，用以评价 ZVI 基 PRB 系统的实用性以及开发设计参数。

1995 年到 1996 年中期，Golder 联合公司实施了修复操作和着手进一步的场地特性描述工作，并在场地的北部远离东区停车场的位置安装了 5 口额外的浅层地下水监测井。

（五）污染描述

经过详细缜密的环境调查发现，土壤和地下水污染主要包含三氯乙烯（TCE）及其降解产物二氯乙烯（DCE）、氯乙烯（VC）。

在场地污染特性描述中，发现土壤中 TCE 浓度范围为 0.3 ~ 1000 μg/kg。地下水中 TCE 的最高浓度的数量级远大于其他污染物，最大值达到 390 000 μg/L，表明有自由相 TCE 的存在。

二、PRB 设计

（一）技术示范支撑

本部分讨论了 PRB 系统的选择、安装和监测，包括：

（1）注册审批和提交

（2）合同协议和健康、安全

（3）工作计划

（4）抽样方案

（5）实验室分析方法

（6）质量保证/质量控制

（二）修复设计

修复设计中包含三个不同的阶段，分别为

（1）实验室规模的可行性研究

（2）防渗墙和反应容器的数值模型和概念设计

（3）防渗墙和反应容器的设计

（三）实验室研究

实验室规模项目可行性分析涉及柱实验，柱实验是由加拿大滑铁卢大学地下水研究学院使用采自场地的地下水样品实施的。柱实验的目的一是为了确定氯代有机化合物在场地潜流条件下是否将会随着它们通过反应的颗粒状铁降解；二是为 PRB 详细设计建立参数。

使用塞进颗粒状铁的树脂玻璃搭建反应的柱实验，柱子长 100 cm，直径 3.8 cm。沿着柱子长度在距离进水阀 5 cm、10 cm、20 cm、30 cm、40 cm、60 cm 和 80 cm 处设置 7 个取样端口，如图 7-30 所示。

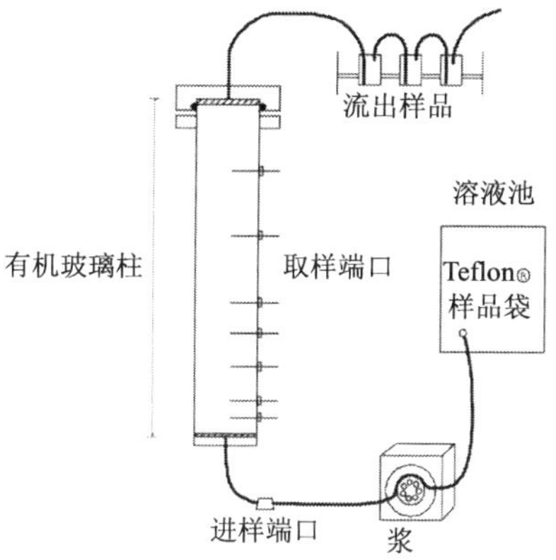

图 7-30　柱处理实验设备原理图

（四）数值模拟和概念设计

1. 模型设计

用于模型的区域包括场地东区的一半和毗邻地。建立由 49 行、31 列组成的直线网格，关注的区域设置高网格密度，这样就可以得到较多的数据。模型网格示意图如图 7-31 所示，模型假定非承压含水层约 11 m，模型西部边界被认为是使

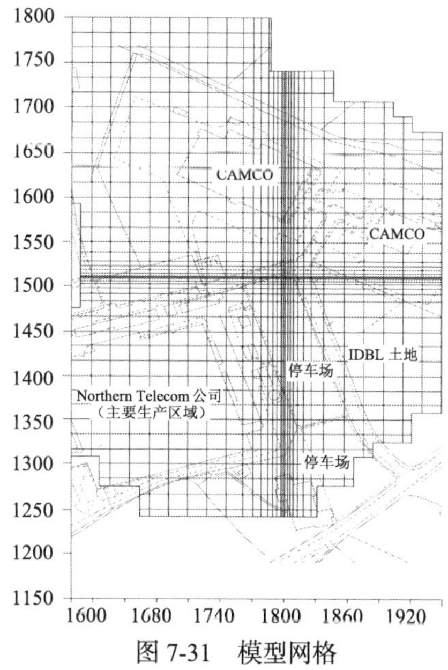

图 7-31　模型网格

用 35m 地下水头等高线的常定水头边界。其他的常定水头边界包括 25 m 的东北边界，沿北部为 28 m，沿南部为 29 m，短小部分设置成 31.8 m，这里流量朝向小溪，越过蒙克斯顿街道。其他边界被认为是无流量边界。

2. 模型校准

应用 1994 年 5 月的水准仪等高线图校准模型，1994 年 10 月进行了水准仪测量。应用收敛性判定准则确保在每个节点的水头变化在最后的迭代处不会大于系统最大水头差的 0.05%。模拟中的水平衡接近于 1.6%之内。

（五）防渗墙和反应栅栏系统的设计

根据实地观测和模拟，可以明确 PRB 将会被放置在东区停车场边界。从 PRB 释放的污染物浓度满足场地 TCE 单位流量标准为 10 μg/L 的 TCE，流速为 5 m^3/d。PRB 中污染物停留时间设计为至少 12 小时。

PRB 系统的平面图和截面图分别如图 7-32、图 7-33 所示。

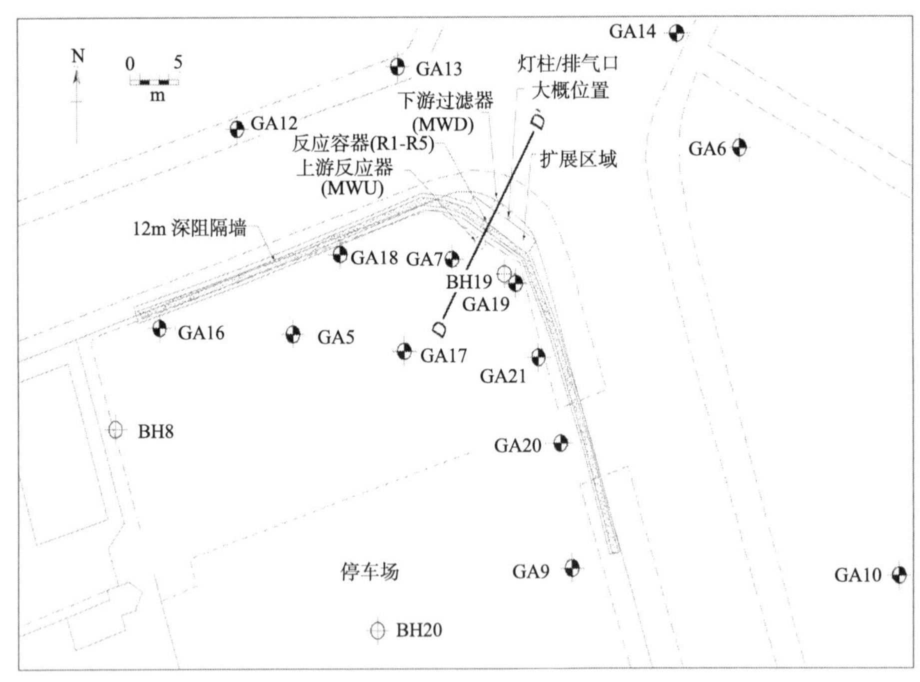

图 7-32 PRB 在东区停车场所示位置平面图

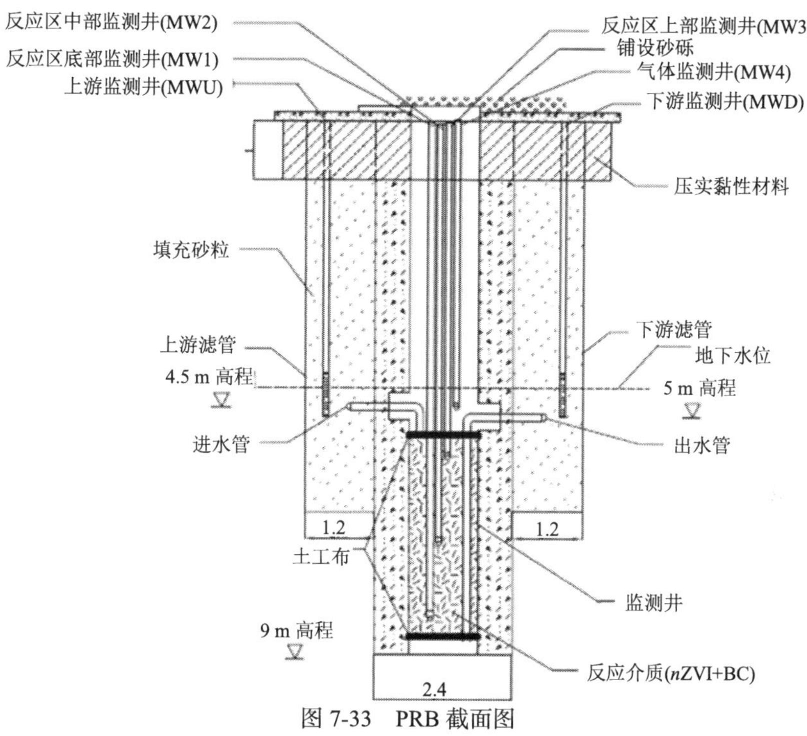

图 7-33　PRB 截面图

反应容器为长 12 m、直径为 1.2 m 的钢筒，分为三个隔室。

三、PRB 安装

这部分讨论了与 PRB 安装有关的方面，包括如下几个部分：

（1）防渗墙结构

（2）反应容器安装

（3）过滤器建筑群安装

（4）辅助抽水

（一）防渗墙结构

该隔墙建造于 1995 年 11 月至 1996 年 2 月，使用了水泥膨润土泥浆技术。挖掘使用了改良的延伸吊杆的履带式铲斗机。

（二）反应容器安装

反应容器于 1995 年 12 月至 1996 年 1 月期间安装，被安装在水泥膨润土墙增厚的部分。由于水泥膨润土泥浆固化时间急促，必须同时完成增厚部分的施工和反应容器的安装。

（三）过滤器建筑群安装

为了在反应容器入口和出口处创造地下水高导磁率集水区域，过滤器建筑群被建造在墙的反梯度边和顺梯度边。建筑群螺旋钻打孔至深度 8m。下游的 2m 处用干净的、优良的粒级砂回填，箱子局部移动。

（四）辅助抽水

坐落于场地边界之外和 PRB 系统顺梯度方向的监测井 GA13，在土壤和地下水中都包含高浓度的 TCE。为了捕获污染羽从 GA13 的迁移离开，搭建了太阳能和风能的辅助泵系统从 GA13 处抽取地下水，并从坐落于 PRB 反梯度方向的监测井 MWU 处得到补给。考虑到风的侵蚀作用，辅助泵系统于 1999 年 12 月退役，并于 2001 年 2 月恢复使用。

四、PRB 性能监测及评价

继 PRB 安装之后，建立地下水监测计划以核实系统是否安装设计运行。监测计划由水准仪读数和化探采样组成。水准仪测量用于确保 PRB 系统对地下水条件没有不利影响。进行了反应容器的地下水反梯度、梯度内、顺梯度化探采样，这为全尺度 PRB 系统地下水化学评估真实变化提供了一种手段。

继 PRB 安装之后，在以下位置建立了地下水采样站：

反应单元的反梯度井：GA5、GA7、GA17、GA19、GA21、BH19 和 MWU；

反应单元内的样品站：R5（入口）、R4、R3、R2 和 R1（出口）；

反应单元的顺梯度井：GA6、GA10、GA12、GA13、GA14 和 MWD。

采样站布局见图 7-32。

（一）水准仪监测

自 1995 年 11 月至 1996 年 4 月，地下水位至少每周监测一次，之后至 1996 年 10 月水位每月监测一次，之后至 1999 年 1 月每两年监测一次。

（二）地下水化学过程

总结出来的主要离子化学过程和挑选出来的挥发性有机化合物主要包括毒性驱动因子 TEC 和它的降解产物 c-TCE、VC。反梯度监测井 BH19、GA7、GA19

和 GA21 从 1994 年至 1998 年间，每 3 至 6 个月的时间取样一次，之后每年取样一次。监测井 MWU 自 1996 年开始取样，监测井 GA5 和 GA17 自 1998 年开始每年取样一次。反梯度监测井中的主要离子化学过程表明：碳酸氢钙为主要的水型，伴随着少量但显著水平的钠、镁离子，如图 7-34 的三线图所示。

化学分析显示 TEC 是反梯度监测井中主要的污染物，浓度从 1994 年 8 月监测的 GA19 监测井的最大浓度约 390 000 μg/L 到 1999 年 1 月报道的 GA5 监测井的最小值 4 μg/L。详情见图 7-35。

在顺梯度监测井中，取样点 GA12 和 GA13 自 1994 年开始进行有规律的监测。自 1994 年开始 GA6 进行间歇的取样。GA10 从 1994 年到 1997 年间进行监测。GA14 和 MWD 自 1996 年开始监测。详细内容见图 7-36。

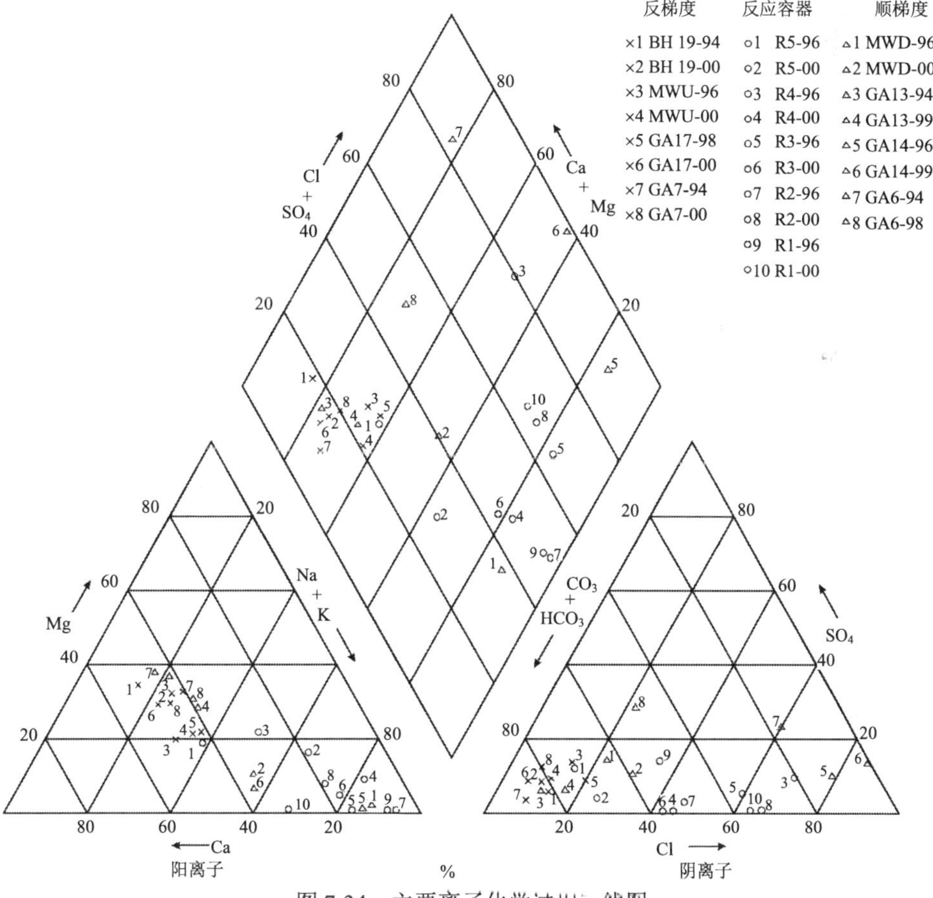

图 7-34 主要离子化学过程三线图

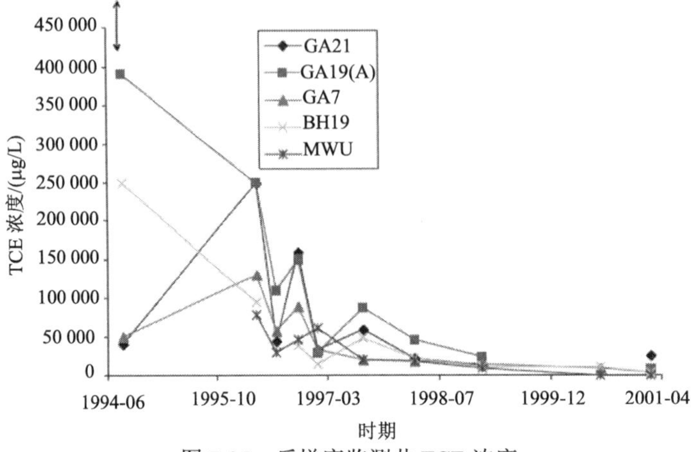

图 7-35　反梯度监测井 TCE 浓度

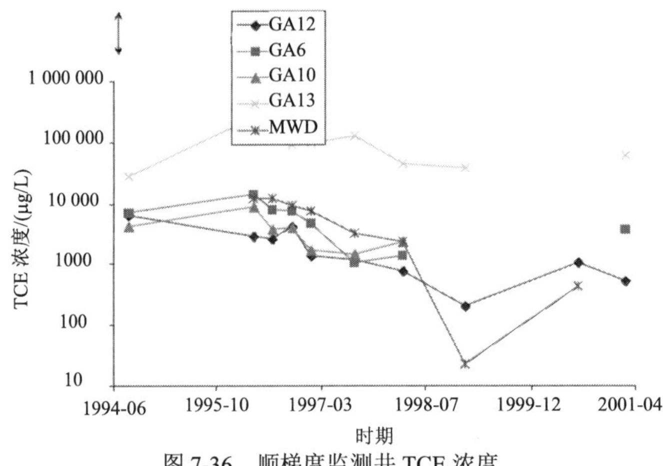

图 7-36　顺梯度监测井 TCE 浓度

五、经济费用

经济因素基于多种与全部场地特征和 PRB 修复项目有关的费用考虑，包括不间断的监测。费用概述见表 7-5。

表 7-5　PRB 费用总结

主要活动描述		最后花费/英镑
场地调查	主要场地调查	192 524
	附加场地调查	37 016
	小计	229 540

续表

主要活动描述		最后花费/英镑
修复	土壤移除和清理成本	75 000
	中试规模估价	18 000
	设计、合同和施工图准备	16 000
	阻隔墙和 PRB 的安装	252 260
	管理	38 041
	完工报告	10 510
	小计	409 811
地下水监测	监测（10 年）	88 193
	示踪试验	8000
	耗材	200
	小计	96 393
总费用（英镑）		735 744

注：2017 年 2 月，1 英镑=8.5271 人民币。

六、总结

（一）分析实验室可行性

实验室规模的项目可行性分析，包括取自场地的地下水样品的柱实验，被用来辅助设计修复方案。试验表明 TCE 与 ZVI 反应迅速（半衰期为 1.2 ~3.7 h），产生的顺-1,2-二氯乙烯（c-DCE）作为一种中间降解产物，计算出的半衰期范围为 12 ~24 h。柱实验已证明显著的溶解铁将会从 PRB 上发生下落，导致菱铁矿（Fe_2CO_3）和氧化铁（Fe_2O_3）发生潜在的沉淀。

（二）构建水文地质概念模型

应用二维的有限差分稳态地下水径流模型 FLOWPATH，模拟场地水文地质概念模型，该水文地质概念模型由 Golder 联合公司在场地特性描述程序中发展起来的。地下水径流模型的目的是辅助 PRB 系统的设计，并且使这个系统按照设计进行运作。模拟练习的结果提供了系统参数的数量级估算，并对场地 PRB 设计的可行性提供了支撑。模型已证明场地水力工况将不会受到 PRB 系统安装的不利影响，并且污染物将不会在截水墙四周释放。

（三）PRB 设计

对可能的修复选择进行评估，最终确定 ZVI 基 PRB 是优选的解决方案。PRB

设计于 1994~1995 年，并于 1995 年 11 月~1996 年 2 月安装。

（四）PRB 安装

根据实地观测、室内试验和模拟结果，最后决定将 ZVI 基 PRB 系统设置在东区停车场标的物边界。安装水泥膨润土截水墙，使受污染的地下水通过漏斗形成垂面排列的包含 ZVI 的地下反应单元。可以辨别出某种程度的历史遗留 TCE 污染仍停留在地表下的位置，位于拟建 PRB 装置的下游。

（五）经济成本和寿命

在蒙克斯顿场地应用 PRB 系统进行修复的费用为 735 500 英镑。包括场地调查费用、500m^3 重污染土壤的挖掘和处理、PRB 系统和预计 10 年的监测投资费用。可选方案的当量费用为 964 500 英镑（垃圾填埋/抽水和处理）和 865 000 英镑（围堵/抽水和处理）。

ZVI 基 PRB 系统成本效率应根据污染物处置、安装正在进行的操作、系统寿命进行考虑。PRB 系统的安装花费较少、比垃圾填埋/抽水和处理、围堵/抽水和处理这两种选择消耗的能量较少。依据正在进行的操作，这个系统不需要人工能量，并且被认为有非常高的操作费用效益。在系统更换方面，本场地 ZVI 基 PRB 系统小范围的更换（铁）至少 10~15 年，主要部件更换周期非常长（50 年）。

（六）经验教训

蒙克斯顿的 PRB 是 ZVI 基 PRB 技术在欧洲的首次应用，也是世界上的首次应用之一。设计和安装的精密分析为辨别若干教训提供了机遇，从这个案例中可以学习到的经验教训如下：

1. 监管者的参与十分必要，特别是早期阶段。尽管没有法规要求实行场地工作，但 Nortel Networks 与监管者建立了积极和公开的关系，这促进了监管者的信任，使场地管理向负责的方向发展。这为同行间公开的讨论和双方当事人都同意的创新解决方案的选择做出了示范。

2. 蒙克斯顿场地有利于 ZVI 基 PRB 技术实施的条件为

（1）移动在厂区外的浅层地下水氯化物溶剂污染；

（2）低地下水流速；

（3）关注污染物没有有效的生物降解或其他降解过程；

（4）再受污染的含水层下面有足够的弱透水层存在，可以使阻隔墙固定；

（5）缺乏被识别的离散污染源。

3. 横穿障碍物的天然水头差小于 0.1 m。辅助泵被用于受污染地下水从局部热点 GA13 的屏障顺梯度到 MWU 局部的、立刻屏障反梯度的再循环。再循环的实施利用了反应单元未利用的生产能力。这个未利用的生产能力灵活的考虑到了污染物荷载和地下水径流的变化。再循环导致传动头和下游地下水在 PRB 系统里的停留时间的增加。尽管停留时间对处理场地污染物是充足的，但这可能对处理工艺产生有害影响。污染地下水再循环进行处理系统需要管理许可。

4. 长期的化学数据显示污染物浓度随着时间反梯度屏障减小。

5. 这个工程阐释了了解场地特定条件和全尺度天然系统复杂度的重要性。在反梯度井 TCE 浓度迅速下降和反应容器内观察到的梯度逆转的原因仍然不明确。本工程也表明为了充分利用可获得的资金，在场地特性描述、修复规划、安装和监测各个阶段合理规划的必要性。这说明环境修复多学科的本性和对经验丰富环境专业人才的需求。

6. PRB 在蒙克斯顿的使用是新技术成本效益应用的典范。场地特殊条件导致了反应单元的创新设计。本工程阐释了适当场地特性描述、实验室研究、方法的灵活性和修复系统设计和完工时持续监测的重要性。

第三节 铀矿石污染场地案例

一、场地条件介绍

场地名称：匈牙利佩奇市 Mecsek 矿污染场地（Roehl *et al.*, 2005）。

（一）场地历史描述

1958 年在匈牙利南部靠近佩奇市（Pécs）的地方开始铀矿开采，随后 1962 年开始加工粉碎工作。在矿运行期间大约提取了 4600 万吨铀，其中 140 万吨出口前苏联。剩下的在 Mecsek 矿开采公司（今天的 Mecsek 矿环境公司的前身）的场地上被加工。放射性测量过程分选产生了大约 1900 万吨的废物。

总计 2580 万吨的铀矿石被化学方法处理，其中 720 万吨的低级矿石使用碱堆浸提法，另有 1860 万吨使用传统的酸性处理法提取成铀精矿。粉碎过程导致产生了 2030 万吨的固体尾矿渣，这些矿渣与两个尾矿池大约 3200 万立方米的工艺用水堆积在一起遍布 163 万立方米。

往日的铀矿开采区域位于匈牙利南部靠近佩奇市的地方，佩奇市是拥有 16.5 万人口的城市。图 7-37 为这片区域在欧洲和匈牙利的坐落位置情况。

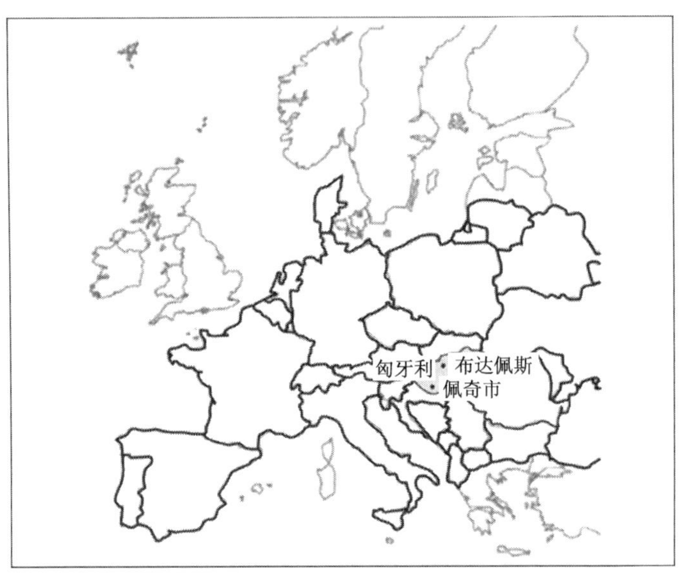

图 7-37　案例分析区域

被开采的矿石首先被分选为三类：废弃矿石、低级矿石和应用放射性测量系统的矿石。

目前，Mecsek 矿石环境公司的主要活动是进行本区域有关的修复。和矿石加工有关的工业建筑物大部分已经被拆除，废物被移走。工作集中在两个尾矿池上。计划在不久的将来池塘会进行泥土覆盖处理。只有水处理、地下水修复和监测的实施会超过 2006 年。地下水修复首先建立一个污水抽取系统，包含一个深排水管和若干钻井。在排放到附近河流之前，提取的污染水应用石灰–乳化过程进行处理，见图 7-38。每年大约 50 万立方米水体被转移和处理。在未来，处理水的体积有望增加至 70~100 万立方米/年。

（a）深排水系统

（b）水处理装置

图 7-38　污染水处理

（二）污染描述

铀矿石的开采和粉碎过程已经产生了大量的含铀废物，其中大部分存储在佩奇市当地饮用水下游区附近含水层之上。

1. 废石堆特性描述

废弃矿石主要被处理成以下三种堆：

废弃矿石堆Ⅰ（WRPⅠ）：

这类废石堆大约有 130 万吨，平均铀含量为 70 g/t。仅有一部分沥出液被收集（此部分含铀浓度为 15~20 mg/L），其余部分浸润在废石堆下的底土上，并向饮用水含水层迁移。沿地下水径流布设的监测井表明了铀浓度（0.06~10 mg/L）在逐步上升。自这个废石堆附近的堆浸完成后，上升的铀浓度可能是除堆浸废石堆之外的过程溶解的结果。地下水总溶解固体（TDS）的水平有点高（0.5~1 g/L），pH 接近中性。铀浓度取决于井的位置：在废石堆下面浓度达到 10mg/L，废石堆下游几百米减少到 37~65 μg/L。

废弃矿石堆Ⅱ（WRPⅡ）：

这部分废石堆大概有 440 万吨，平均铀含量为 40 g/t。沥出液铀浓度大约为 20~30 mg/L，绝大多数沥出液被收集并且被处理。尽管一部分沥出液浸润废石堆下面的土壤，因为不利的地形条件（丘陵、深谷、裂缝性岩石等），实施任何更进一步的保护措施实际上是不可能实现的。

废弃矿石堆Ⅲ（WRPⅢ）：

这个废石堆拥有最大数量的废石，包含 1230 万吨的矿石，平均铀浓度为 60 g/t。这个废石堆位于矿山巷道的上面。为了保护饮用水含水层，矿井水（包含 7~8 mg/L 的铀）连续不断的用泵抽出矿井巷道。由于抽水沉陷锥存在于废石堆的下方，沸水堆的大部分沥出液聚集在矿石巷道内。由于废石堆下面创造的有利水文条件，矿井巷道担当地下水槽，大部分的废物在这里被收集。因此，堆浸废物（720 万吨）被转移到这个堆。尽管这个废石堆的大部分沥出液被成功的收集在矿山巷道内，但一些污染物还是会渗出，主要渗入到废矿石堆南部的小溪谷的浅层含水层，并且对饮用水含水层存在一定的风险。这也是此废石堆及下游地区被选作中试规模反应墙的原因之一。

2. 堆浸废物

低级矿石使用堆浸技术进行加工。这个废石堆安排了两个场地，大约有 720

万吨的低级矿石在这里被处理。铀生产结束之后的第一步是把堆浸场地Ⅰ（紧挨着工厂）的废物被转移到废石堆Ⅲ。第二步是把堆浸场Ⅱ（这个场地建造在废石场Ⅰ的附近）的废物转移到废石堆Ⅲ。前两个堆浸场现在已经进行修复。

3. 惯用铣尾渣

两个尾矿池包含总计2030万吨的尾渣，它们的平均铀浓度为67 g/t。因为在粉碎过程中，贫瘠的生产溶液被中和到pH为7~8（而不是把pH改变到10.5~11），尾渣的液相TDS含量超过20 g/L。这个尾矿池建造时没有进行适当的基地处理，因此池中的工艺用水已经浸润到下层土，粉碎过程引了起严重的地下水污染（$MgSO_4$，NaCl等）。

（三）监测

Mecsek 矿山环境公司维护了一个检测数据库。收集资料除了其他方面还包括放射学的资料和采自大量检测井的水样品分析结果。1996~2000 年检测了铀含量和其他的地下水成分。

监测井成双建造，一个井是用于检测承载层厚度为5~7 m的上层地下水，另一个则是用于补充较大深度（10~20 m）层位的地下水数据。因此，污染物要分两个含水层水平进行评估。地质背景如此，以致两个含水层之间存在水文联系。评估检测数据，并加以讨论，同时将按以下顺序讨论它们作为中试规模PRB现场试验场地的潜能。

场地Ⅰ：尾矿池区域

场地Ⅱ：堆浸区域Ⅱ和废石堆Ⅱ

场地Ⅲ：废石堆Ⅲ位置所在的山谷

场地Ⅳ：工厂区域和堆浸区域Ⅰ

1. 尾矿池区域

如图7-39所示，对尾矿池周围的监测井进行地下水监测，铀浓度表明这个区域有一些铀污染物。铀的背景浓度为几个μg/L。监测井中测量的地下水中实际的铀浓度只有井V-01/1、V-02/1、V-20/1、V-21/1、V-22/1和V-32/1超过100 μg/L。此区域的电导率较高，主要的污染物是硫酸镁和氯化钠。

2. 工厂区域和堆浸区域Ⅰ

如图7-40、图7-41所示，在1995年和1999年，由于铀污染土壤的去除，场地Ⅳ地下水中铀浓度迅速降低。浓度的降低速率在2000年变得平缓，但是在场地覆盖后进一步降低。地下水表现出提高的pH，这是前面的浸堆溶液污染了这个区域的结果。

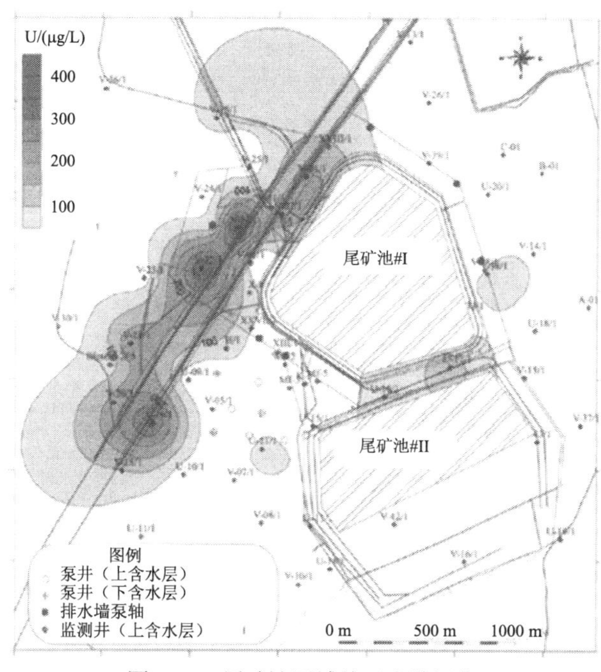

图7-39 尾矿池区域地下水铀污染

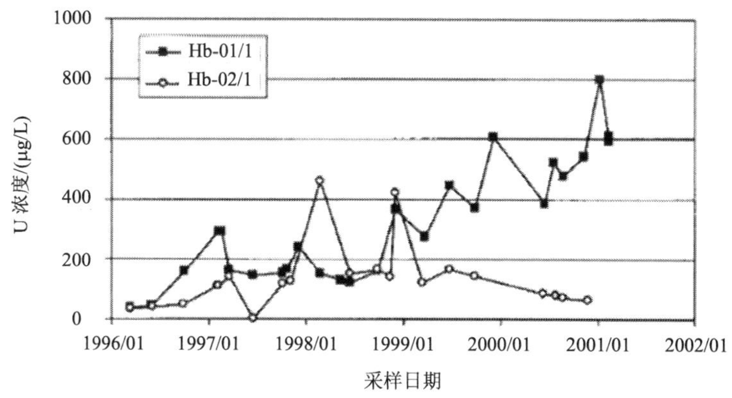

图7-40 场地Ⅲ地下水中铀浓度（监测井Hb-01/1和Hb-02/1）

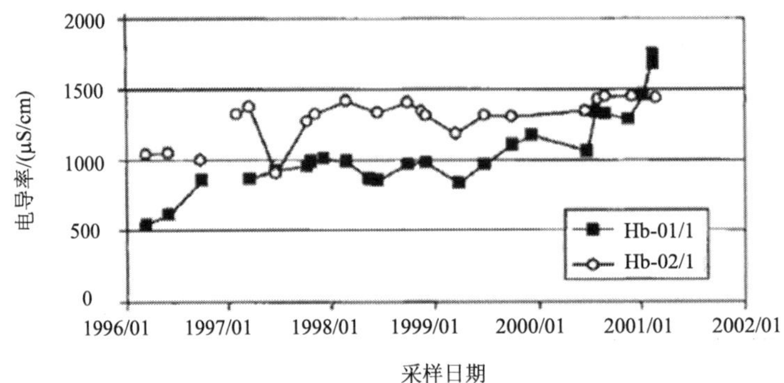

图 7-41　场地Ⅲ地下水电导率（监测井 Hb-01/1 和 Hb-02/1）

（四）场地特性描述与场地选择

1. 污染场地地质背景

由铀矿开采和加工造成的污染设施位于 Mecsek 山南部范围，下面的佩奇盆地为初期沉积物覆盖。之前开采工厂、WRP 和堆浸堆的大部分设施分布在山的南部范围，此范围内主要由二叠纪砂岩组成。这个砂岩地层包含铀矿石矿床。另一个设施（磨粉、尾矿池和一个堆浸堆）坐落在盆地的南部。

关注区域形成的底部河床序列如下：

（1）二叠纪岩石

（2）早三叠纪（Jakabhegy 砂岩地层）

（3）Pannonian 形成

（4）更新世和全新世（第四纪）

2. 尾矿池地质环境

形成尾矿池地质环境的佩奇盆地的地质构造是众所周知的，在许多研究中都有讨论。它的基底包含山脉（花岗岩和片麻岩）最古老的前古生代变质形态，在其上覆盖有不同厚度（从二十到几百米不等）的含沙泥质岩的 Pannonian 和更新世沉积物。尾矿池区域横截面见图 7-42。

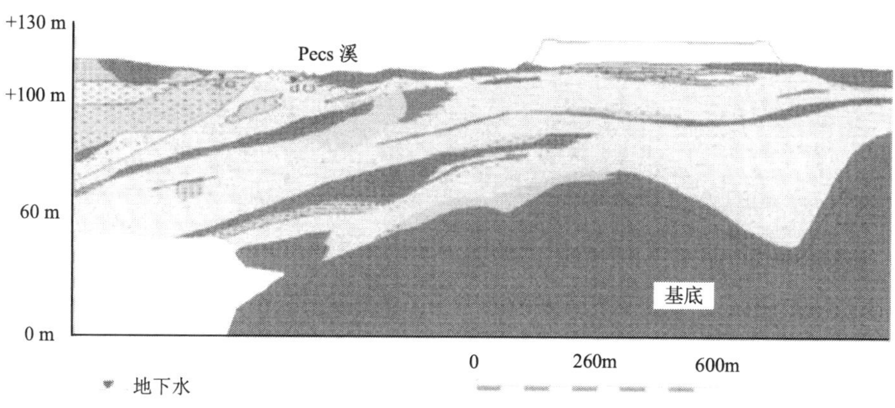

图 7-42　尾矿池区域地质剖面图

3. 杆状物Ⅰ（废石堆Ⅲ）南部区域的地质构造

杆状物Ⅰ和废石堆Ⅲ坐落在切克山西部南边斜坡的中下部分。这个领域是组成这个山脉的含铀矿二叠纪砂岩系和填充临近的南部盆地的潘诺尼亚砂岩的交界地带，如图 7-43 所示。

4. 场地的筛选和排序

从 C 部分描述中的四个场地中得到的监测数据的评估可以看出：某一水平的铀污染几乎发生在每个地方。地下水中典型的水平是 50 μg/L，但是在其他一些区域超过了 0.5 mg/L。这些值远大于这个区域的天然本底值（显著小于 10 μg/L）。

从地质学的角度来看，这四个场地适宜于 PRB 地下水处理的优先顺序排序如下：

（1）废石堆Ⅲ坐落的山谷（场地Ⅲ）

（2）堆浸和废石堆Ⅰ区（场地Ⅱ）

（3）尾矿池区域（场地Ⅰ）

（4）粉碎工厂区（场地Ⅳ）

场地Ⅲ有先天的优势，那就是它的形态和底土构造几乎构成了天然的漏斗门结构。因此如果污染物集中在上层，浅层栅栏就可以轻松的捕获它。应该值得注意的是废石堆Ⅲ是本区域最大的铀污染来源，因为存储在这块区域的废石含有超过 1000 吨的铀。

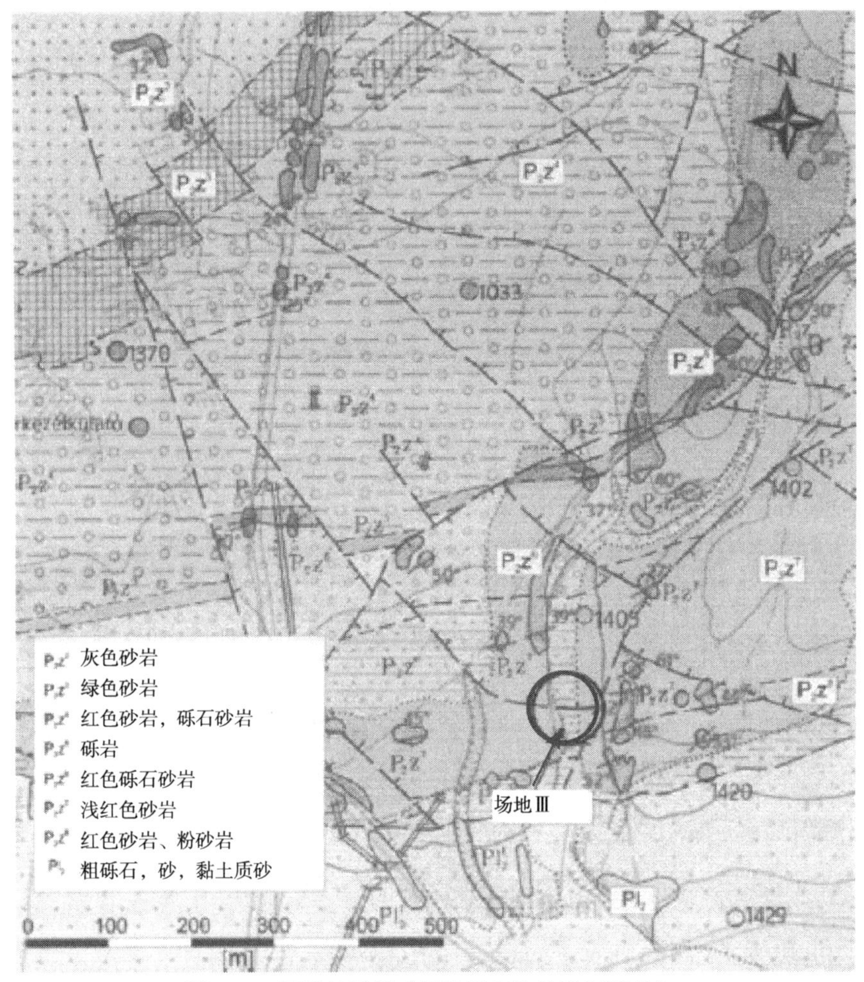

图 7-43　区域地质图（场地Ⅲ实施的详细调查）

（五）场地Ⅱ和场地Ⅲ详细调查

1. 地球物理调查

PRB 通常需要包含合适的黏土或低渗透性的岩石的不可渗透地基。尽管安装试验 PRB 的潜在位点的基本资料是可供使用的，为了确定场地Ⅱ和场地Ⅲ不可渗透基岩的精确位置，额外的现场调查也是必须的。此次调查选择了地电方法，类似案例中已经证实了这种方法的有效性。应用多达 960 个电极的阵列进行了电导率调查，RESP-12 计算机控制的数据获取单元制作出了有关截面二维的导电性图像。导电性调查用于区分岩石（低导电性）和其他沉积物（高导电性）。如图 7-44、图 7-45 所示。

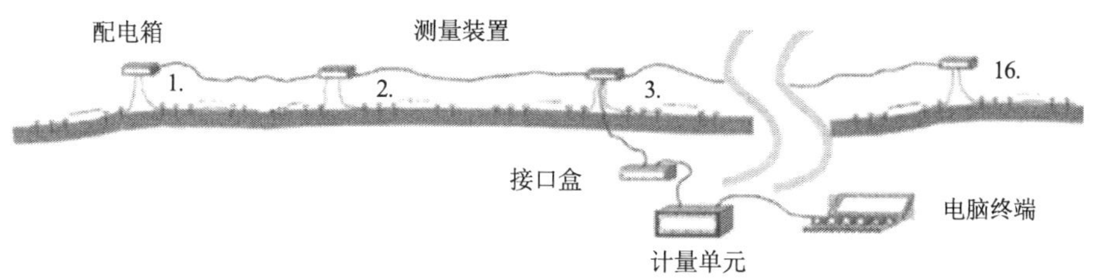

图 7-44 现场试验地电多电极布置图

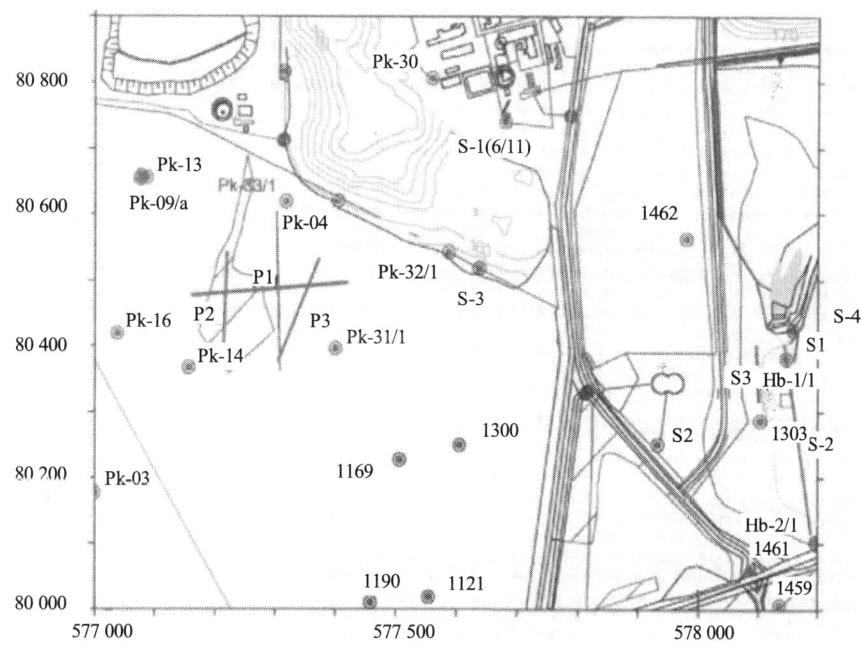

图 7-45 场地Ⅱ（P1~P3，左侧）和场地Ⅲ（S1~S3，右侧）地电多电极测试剖面图位置

2. 场地Ⅲ水文调查

基于地球物理调查的结果，可以得出结论：在 6~7m 厚的山谷沉积物以下可以发现坚硬的基岩。为了证实这个结论，并获取更详细的这些沉积物特征信息，在场地钻取了额外的钻孔。这些调查分两步进行：首先调查上层沉积物，随后调查基岩。

二、PRB 设计

在匈牙利南部的佩奇市附近昔日的 Mecsekerc 铀矿粉碎和加工场地进行了现场试验，下游有大型废石堆（见图 7-46）。根据设计试验 PRB 之前的实验室和现场试验，切碎的生铁被选做为反应介质。

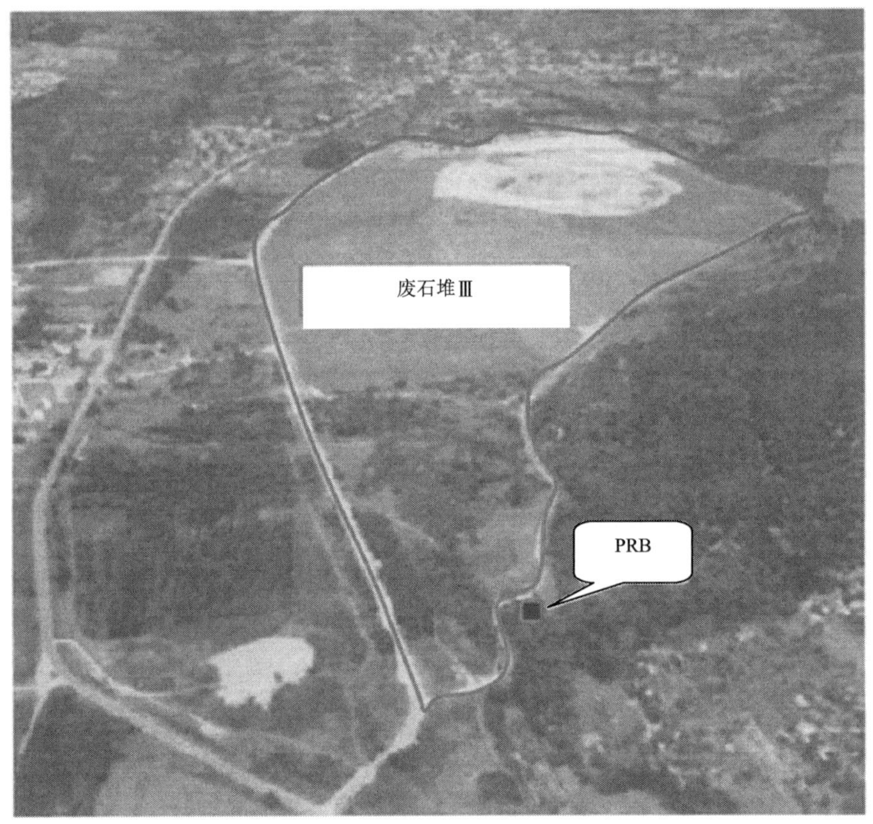

图 7-46　在 Zsid 山谷试验 PRB 场地位置图（下游的废石堆Ⅲ包含约 1000 吨铀矿石）

根据详细场地调查，考虑了多种实验栅栏的可行的设计。这些方法包括反应器型或者大型柱子装配和连续的障碍设计。由于之前场地柱实验的发现，决定在障碍物质里选择一个相对低流动性的，这可以通过连续障碍装配获得。这个装配特别的优势是障碍流出物中溶解铁将会有很低的浓度水平。设计的实验装置为长 6.8 m，厚度 2.5 m，深度 3.8 m。

PRB 包含两端不同的地带：地带 1 填充有 50 cm 厚的低容量粗糙铁元素（按

体积计 12%，或者 0.39 t/m³，晶体大小为 1~3 mm）；地带 2 填充有 1 m 厚的高容量精细铁元素（按体积计 41%，或者 1.28 t/m³，晶体大小为 0.2~3 mm）。元素铁混合砂石以增加体积。被装入的反应材料的元素铁的总质量为 38 t，其中 5 t 为粗糙材料。设计略图见图 7-47，技术参数清单见表 7-6。

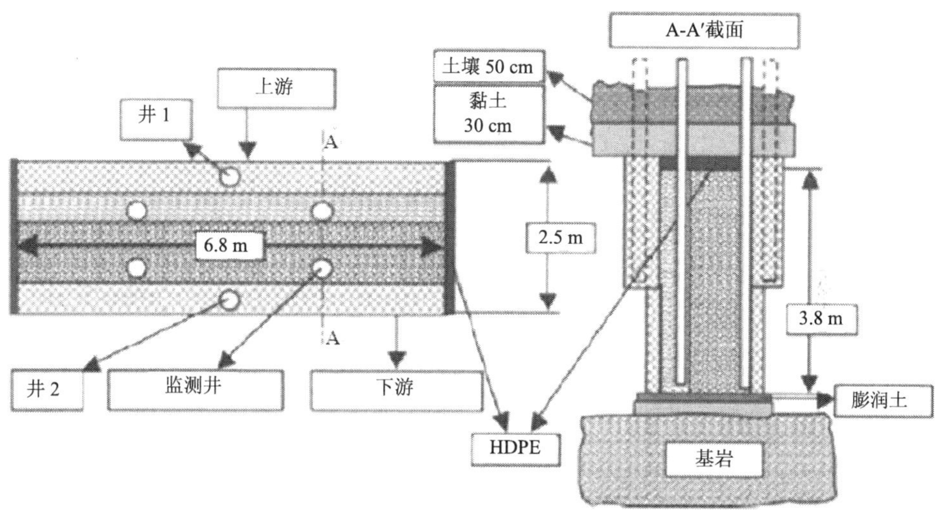

图 7-47　匈牙利佩奇市试验 PRB 设计略图

表 7-6　PRB 构建反应材料用量

地下水流经反应墙	材料	直径/m			铁/t		铁浓度	
		长度	宽度	深度	0.2~2mm	1~3mm	/（t/m³）	（%，体积分数）
↓	砂子	6.8	0.5	3.8	—	—	—	—
	粗 Fe^0/砂	6.8	0.5	3.8	—	5	0.387	12
	精 Fe^0/砂	6.8	1.0	3.8	33	—	1.277	41
	砂子	6.8	0.5	3.8	—	—	—	—

50 cm 厚的砂岩层被安置在两边（上游和下游），允许涌水量和出水量的均匀分布。PRB 用黏土和土工膨润网防渗层密封在底部，土工膜（高密度聚乙烯，HDPE）覆盖两端和顶部，并覆上一层黏土。试验 PRB 装置的横切面图见图 7-48。作为责任主体，PRB 设计提交给 Tran-Danubian 水务管理局，管理局可以下达试验许可。

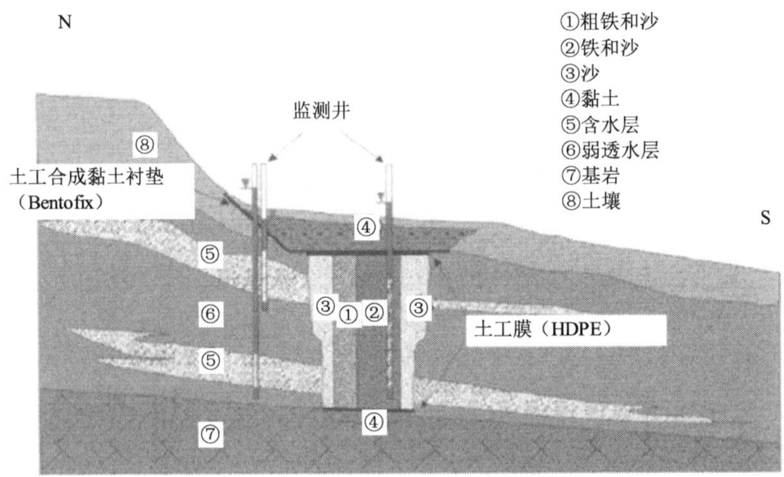

图 7-48　Zsid 山谷沉积物层 PRB 横切面示意图

三、PRB 安装

应用标准结构机械装置进行试验 PRB 的建设。根据水文地质场地勘察，选定原计划的阻隔物精确位置之后，挖掘垂直于山谷方向的沟渠。和传统应用在基础工程上的框架一样，被用于支撑基坑墙（见图 7-49）。

图 7-49　基坑固定框架（左），建设阶段由于暴雨淹没的基坑（右）

在 PRB 内部或者周围共计安装有 24 口监测井。分别位于监测井上游、第一个铁元素地带、不同深度的第二个铁元素地带、阻隔墙下游。为监测沉淀形成，从横切面看，横跨阻隔墙形成一条线的监测井。这些监测井由直径 1 cm 的管道组成，用于地下水采样。井的位置见图 7-50、图 7-51。

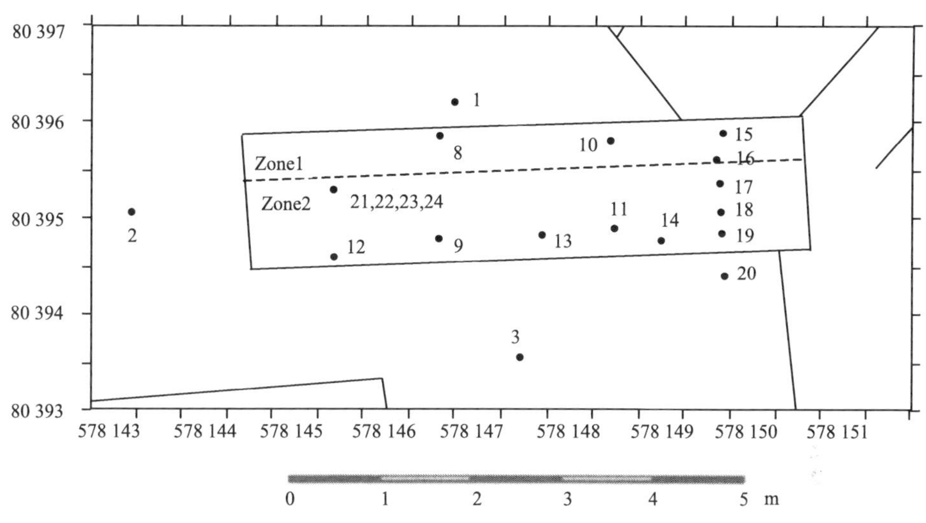

图 7-50　PRB 内部及周围监测井位置分布图

图 7-51　PRB 系统及监测井分布视图

四、PRB 性能监测及评价

（一）水化学

这一章节中呈现的数据来自于 2002 年 8 月至 2003 年 3 月，这是试验 PRB 系统第一次运行的时期。在这 8 个月的时间内，通过监测井取样监测观察到穿过障碍的地下水化学特征的变化。这个时期监测井 1（入口）、监测井 8 和监测井 10（第一段区域）、监测井 9、监测井 11（第二段区域）和监测井 3（障碍的出口）选定的地下水成分的平均值见表 7-7 所示。

表 7-7　铁基 PRB 的水化学变化

		流入	区域 1：（粗铁/沙）		区域 2：（精铁/沙）		流出	变量[a]
		PRB–1	PRB–8	PRB–10	PRB–9	PRB–11	PRB–3	
Ca^{2+}	mg/L	167	141	136	19	21	30	–137
Mg^{2+}	mg/L	62	65	63	50	45	30	–32
Cl^-	mg/L	44	44	45	47	45	45	1
Fe^{2+}	mg/L	< 0.1	3.89	17.0	1.05	1.91	< 0.1	0
SO_4^{2-}	mg/L	397	357	340	212	218	118	–279
HCO_3^-	mg/L	610	575	602	258	243	248	–362
CO_3^{2-}	mg/L	< 5	< 5	< 5	60	55	28	28
TDS	mg/L	1224	1168	947	674	680	522	–702
U	μg/L	977	216	7	4	5	9	–968
pH	—	7.15	7.62	7.67	9.43	9.27	9.10	1.95
Eh	mV	206	13	–122	–84	–94	16	–190

a. 监测井 PRB-1（流入）和 PRB-3（流出）之间的变量。

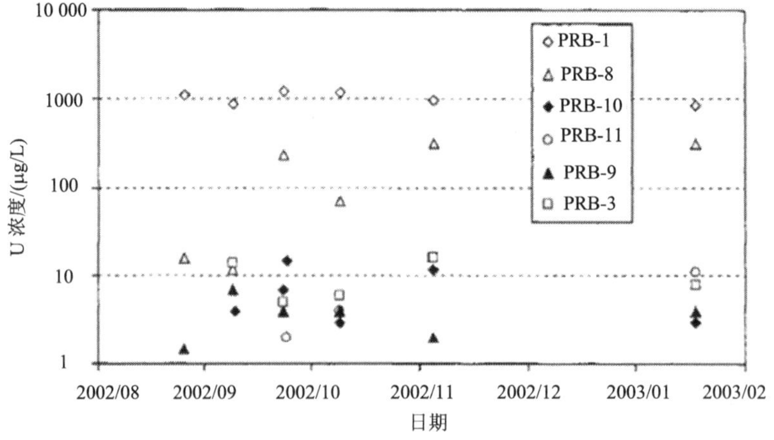

图 7-52　PRB 系统不同监测点的铀浓度

（二）PRB 水力性能

PRB 安装在二叠纪砂岩组一个相对陡峭的谷底。这个谷底充满了第四纪的冲积物。由砂质和粉质黏土层组成的约 3~5m 厚的冲积沉积物作为承压含水层，它表现出上升的水力梯度，如图 7-53、表 7-8 所示。

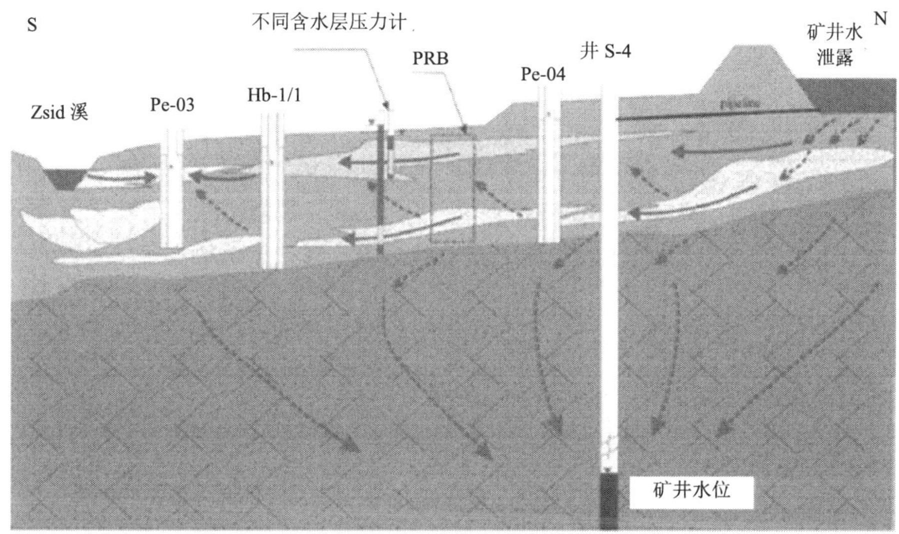

图 7-53　试验场地水文地质剖面原理图

使用不同的方法测量了实验 PRB 的水力性能，结果见表 7-8。渗透系数 K_f 的平均值为 3.36×10^{-3} m/s。

表 7-8　不同试验方法的 PRB 渗透系数

测试方法	K_f /(m/s)
泰斯水位恢复试验	3.98×10^{-3}
Cooper-Jacob 阶梯降深抽水试验	2.01×10^{-3}
泰斯阶梯降深抽水试验	1.95×10^{-3}
Cooper-Jacob 距离降深配线法	5.43×10^{-3}
纽曼方法	1.11×10^{-3}
Cooper-Jacob 时间降深配线法	5.67×10^{-3}

五、总结

在最后几年里，在 Zsid 山谷的监测井 Hb-01/1 中监测到高浓度的铀。废石堆Ⅲ是这些污染的来源，大约 1000t 的铀仍存留在废石中。废石堆下游地下水中铀浓度仍在不断增长，2002 年末数值可到每月 0.8~1mg/L。铀污染可能已经通过这个山谷进入饮用水含水层下游。

较高浓度的铀污染物已经在上层沉积物（6~7m）观测到，然而位于 6~7m 以下的裂隙带基岩拥有完全不同的水特征，具有较低的铀浓度。

这个山谷地层复杂，水可渗透性砂沉积层在黏土层的渗透性为 10^{-4}~10^{-6} m·s。废石堆Ⅲ山谷下游被调查的部分，紧邻监测井 Pe-11 和 Hb-1/1，被证明是最适合进行计划的中试规模的现场试验的区域。

佩奇市附近的场地 PRB 运行显示在安装之后的起初几个月里看到了可观的结果。监测数据表明试验 PRB 对当地地下水中铀的去除有效运作。随后的 PRB 建设，附近监测井的铀矿浓度显著下降，其值从约 1000 μg/L 下降至 100 μg/L 以下。在阻隔材料内部，铀浓度已下降至少于 10 μg/L。需要进一步的监测来评估长远的性能，尤其是关于矿物沉淀的影响。只要考虑到铁的数量和处理地下水的体积（38 t 或 680×10^3 mol/L 铁，化学计量系数 U：Fe = 1：1390，3700 m^3/a 水附带着 1 mg/L 或 4.2×10^{-6} mol/L 铀）估计实验障碍的运行周期可达 168 年。

第四节　六价铬和三氯乙烯复合污染场地案例

一、场地条件介绍

场地名称：美国北卡罗来纳州伊丽莎白市海岸巡防空中支援中心污染场地（见图 7-54）（Blowes, Mayer, 1999）。

（一）场地历史

自 1988 年发现以前的电镀工厂下面存在酸性铬溶液泄露以来，美国北卡罗来纳州伊丽莎白市海岸巡防支援中心成为众多研究的焦点。这个电镀车间运转了 30 多年，并于 1984 年关闭。在电镀车间地板下面的沉积物发现含有高达 14 500 mg/kg 的 Cr。在那时，受污染的沉积物被转移。随后的场地调查表明地下水污染羽包含超过最大浓度限值的六价铬含量，从机库 79 一直延伸到 Pasquotank 河。对监测网络中超过 40 口井的抽样监测结果表明 Cr(VI)污染羽约 35 m 宽，从机库到河流延伸 65 m。圆锥贯入仪（CPT）测得的地下水样品表明 Cr 污染羽的中心存在约 4.5~6.1 m 的地面以下。在两个深井 MW21 和 MW22 的地下 12 m 和 15 m 中监测到非常低的 Cr(VI)浓度。观测到的 Cr(VI)浓度的最大值超过 10 mg/L。

在 1991 年，采集自 Cr(VI)描述项目中的地下水样品中监测到 TCE。推测 TCE

的来源为与电镀厂毗邻的现存的下水道检查井。因为 TCE 通常用作镀铬之前的脱脂剂，所以 TCE 可能与之前的电镀操作有关。TCE 污染羽重叠了 Cr(VI)污染羽，并且向横向伸展。全方位的 TCE 有待测定，但是高达 580 μg/L 的 TCE 浓度已经在地下 12 m 深的监测井中被观察到。自 1991 年以来，在样品采集中有报道的 TCE 最高浓度为 19 200 μg/L。

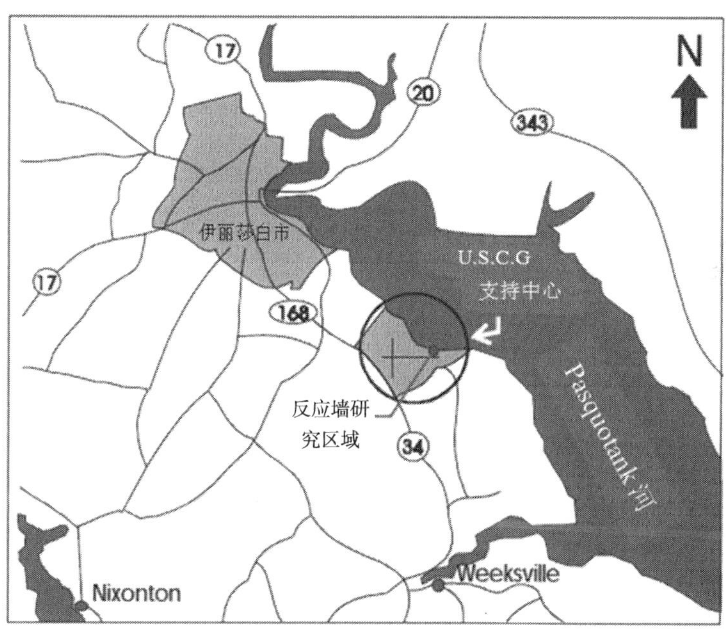

图 7-54 场地位置图

（二）地质背景

在 USCG 场地受污染的表层含水层由大西洋海岸平原沉积物组成。钻孔记录数据表明表层含水层是复杂的和多变的，由各种不同的大量的细砂和粉质黏土组成。总之，含水层上部的 2 m 为多沙的粉质黏土，朝着北方扩大，朝着 Pasquotank 河发展，河里充满了砂子（图 7-55）。伴随着各种大量的泥沙和黏土的细砂和粉质黏土晶体构成了浅层含水层的下游部分。圆锥贯入仪测试也表明了地表含水层是非常不均匀的，伴随着细沙相互贯穿粉质黏土晶体（图 7-56）。这些晶体的厚度从 0.3~3 m 不等。含水层在约克城隔水层的稠密黏土约 18 m 厚度下面。

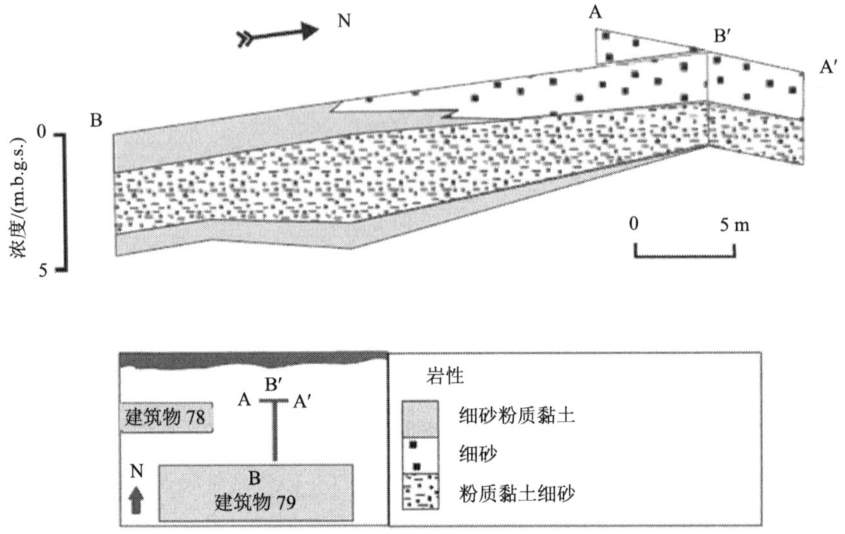

图 7-55 测井曲线数据推测的横断面图

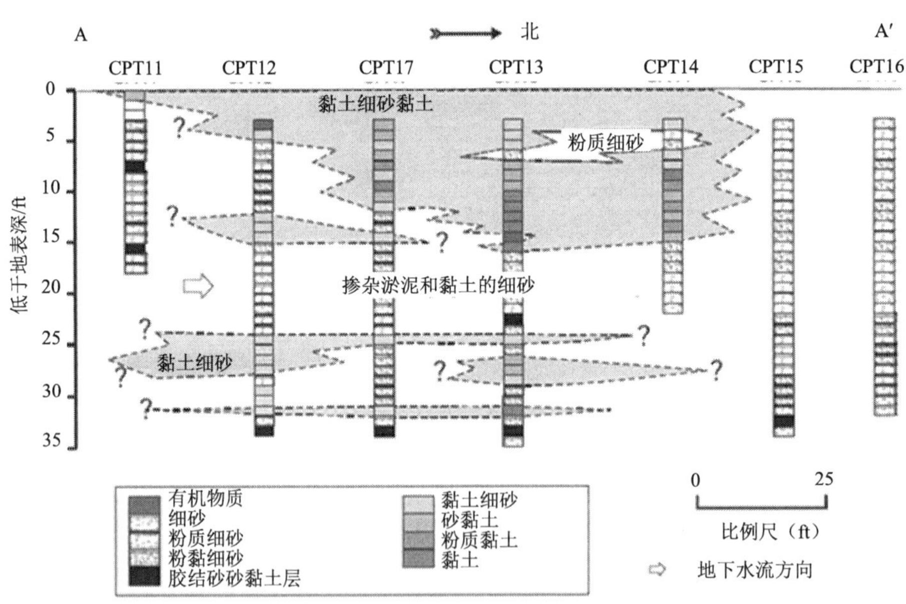

图 7-56 圆锥贯入仪测试数据推测的 A-A′地质横断面图

（三）污染羽发育概念模型

铬的污染羽存在于地下水中是由于位于机库 79 的旧电镀厂铬酸缸的泄漏导

致的。溶解的六价铬水随着地下水移动。总的地下水流动方向在北偏西 30°和北偏东 10°范围之间变化，并且含水层铬污染羽向北延伸至 Pasquotank 河。铬污染羽主要位于粉砂质–黏质细砂单元，这个单元在表面黏土的下层，因为在这个多沙单元水力传导率和对应的地下水流速是最高的。由于纯相 TCE 进入地下环境，导致 TCE 存在于地下水中。TCE 是浓稠的非水相液体（DNAPL），与水不溶，并且具有相对低的溶解度（1100 mg/L）。从残留的污染源区伸展出来的水相 TCE 污染羽将会随地下水流动。这些污染羽内的溶解性 TCE 浓度大于 MCL 值（5 μg/L）数个数量级。TCE 污染羽较宽广的侧向长度很可能由 TCE 的传播和积水引起，或可能来自于多种释放位置。TCE 污染的深度大于 12 m，很可能是由于较高的密度，纯相 TCE 向下迁移。铬和 TCE 的污染羽概念模型图如图 7-57 和图 7-58 所示。

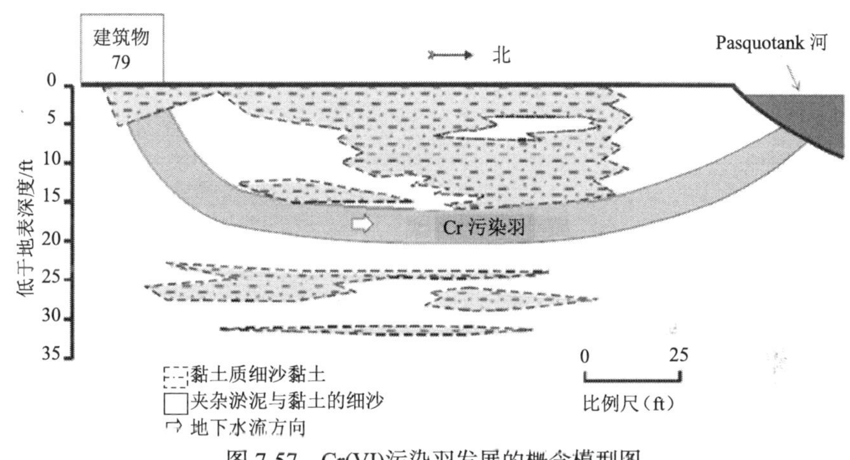

图 7-57 Cr(VI)污染羽发展的概念模型图

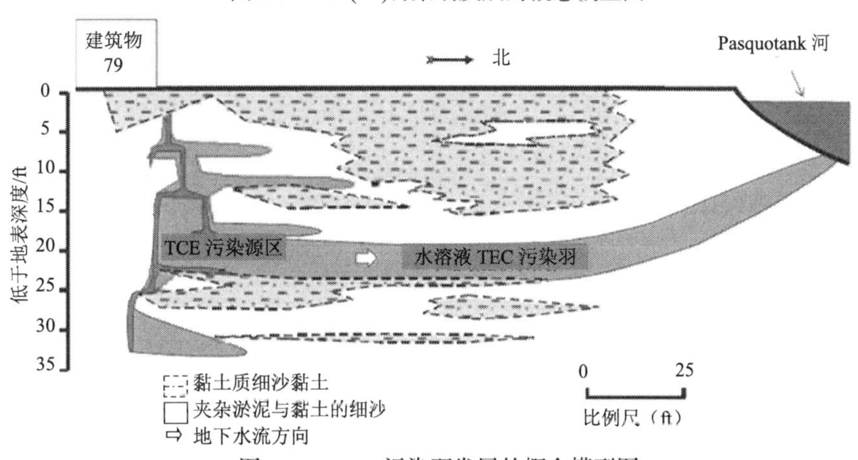

图 7-58 TCE 污染羽发展的概念模型图

（四）修复策略

Cr(VI)是铬的氧化价态，是一种强氧化剂。六价铬通过各种各样的还原剂还原为较小溶解态和较小移动性的三价铬价态是热力学上有利的并且反应迅速。通常在土壤中发现的还原剂包括亚铁矿物质和有机质。室内试验表明在酸性条件下水相的亚铁离子和亚铁盐对 Cr(VI)的还原是非常迅速的，数分钟内便可达到平衡。然而，包含亚铁的矿物溶解是非常缓慢的，根据 pH 和亚铁矿物的不同，常需数百分钟至数百小时不等。Blowes 和 Ptacek(1992)建议元素铁和黄铁矿等含铁的固体可以应用于多孔的地下反应墙，在中性的 pH 条件下还原和去除地下水中的 Cr(VI)。且通过实验室分析证实了零价铁由于较大的比表面积等优势对 Cr(VI)有较好的去除效果。因此，零价铁对 Cr(VI)的还原去除提供了一种处理 Cr(VI)污染地下水的方法。同样也发现元素铁促进了范围较广的卤代脂肪族化合物的相对迅速的降解，包括 TCE、二氯乙烯（DCE）和氯乙烯（VC）。

二、PRB 设计

（一）设计方法学

为了评估各种商业铁材料同时去除伊丽莎白市场地水环境中 Cr(VI)和 TCE 的潜在效果，实验室进行了一系列批量实验。在识别合适的铁来源之后，为了确定有机化合物是否会在通过各种反应物质的水流条件下降解，开始了柱实验。从柱实验中获取的参数最终将会帮助现场处理系统的设计。

1. 材料

地下水：

批实验和柱实验所使用的地下水采集自 USCG 支援中心的 MW34 监测井。这个位置的水的 TCE 和 Cr(VI)的浓度分别为 750 μg/L 和 8 mg/L。对于批实验和柱实验，TCE 和 Cr(VI)的浓度被增加到大约 2000 μg/L 的 TCE 和 10 mg/L 的 Cr(VI)。

零价铁：

测试了三种不同来源的商业铁材料：Ada（仅批实验）、美国俄亥俄州克利夫兰市的 Master Builders™ (MB)、美国密歇根州底特律金属和研磨剂 Peerless™（PL）。对于 MB 和 PL，铁晶体的尺寸范围从 0.25~1.0 mm。Ada 铁则是由不同长度的 0.5 mm 刨花组成。

含水层材料：

根据所用的施工方法（如挖掘宽度），通常砂子混合颗粒状铁性价比是比较高的。来自于场地的天然砂（AQ）和高纯度的石英砂（SS）被认为是潜在的填充剂。

2. 方法学

实验室批实验：

使用三种不同来源的商用铁（Ada、MB、PL）和结合了伊丽莎白市含水层材料（AQ）和 MB 铁进行了四种批实验。

每批实验室可处理性使用包括在 60 mL 玻璃小瓶中制备的 60 个样品。制备两种类型的样品：一种是空白小瓶，仅包含加入标准的场地水；另一种是反应瓶，包含 6 g 铁，6 g 石英砂（SS）或含水层材料，并伴随有标准的场地水。反应瓶中的铁的质量与溶液的体积比为 1 g：9.4 mL。

实验室柱实验：

为了确定 TCE、cDCE 和 VC 的降解性和水流条件下六价铬的迁移，应用包含伊丽莎白市含水层材料（AQ）、石英砂（SS）、MB 铁和 PL 铁结合的混合物进行了 6 种柱实验。

柱子采用树脂玻璃建造，长 50 cm（1.64 英尺），内径 3.8 cm（1.5 英寸）。从输入端沿着柱子长度 2.5 cm、5 cm、10 cm、15 cm、20 cm、30 cm 和 40 cm（1、2、4、6、8、12、16 英寸）处分别设置取样口。柱子同样考虑到流入和流出溶液样品的收集。

3. 分析过程

有机的分析：

收集到的样品两天之内要进行分析。两种类型的气相色谱仪进行分析。较小挥发性的卤代有机物如 TCE，使用戊烷的内标物 1,2-二溴乙烷从水相中萃取（水和戊烷比率为 2.0 mL：2.0 mL）。为了达到水和戊烷相之间的平衡状态，样品放置在振动的摇床上振荡 10 min。使用惠普公司的 7673 自动进样器，1.0μL 的戊烷内标物直接自动注射到惠普系列Ⅱ的气相色谱仪。

对于较易挥发的有机化合物，如 cDCE、tDCE 和 VC，在样品中留出一个顶部空间，比率为 0.5 mL 的顶部空间对 1.5 mL 的含水试样。为了让水相和气相溶液保持平衡状态，样品被放置在振动的摇床上振荡 15 min。

无机的分析：

应用 Ag/AgCl 结合的参比电极测定了氧化还原电位（ORP）。应用 ZoBell 和 Light 溶液对电极进行标准化。应用电极读数，毫伏读数转变为 ORP。使用 pH 参比电极测量了 pH，应用缓冲区 7 和 10 对 pH 进行标准化校正。

应用二苯卡巴肼比色技术对 Cr(Ⅵ)进行阳离子分析。其他的离子分析，如 Al、B、Ca、Cd、总 Cr、Fe、K、Mg、Mn、Na、Ni、Si、Sr、Zn 和一系列其他的阳离子，使用电感耦合等离子体原子发射光谱仪（ICP-AES）进行测定。

阴离子，诸如 Br^-、Cl^-和 SO_4^{2-}使用 Dionex 系统 2000 离子色谱仪（IC）或者 Waters IC 结合电导率检测仪进行分析。

4. 地球化学建模

地球化学物种形成/质量传递电脑编码软件 MINTEQA 2 用于帮助翻译无机水相地球化学数据。调整 MINTEQA 2 的热力学数据库，使之与 WATEQ4F 相一致。

5. 流量和反应运移建模

模型描述：FRAC3D，一个三维的有限元计算机模型，设计用于模拟多孔或离散断裂的多孔形态下饱和非饱和地下水流量和衰减溶质运移。这个模型之前被应用于一些漏斗门修复的情景模拟（图 7-59）。因为它对链式衰减溶质运移的用途广泛和适用性强，FRAC3D 被选中模拟伊丽莎白市的 USCG 场地。

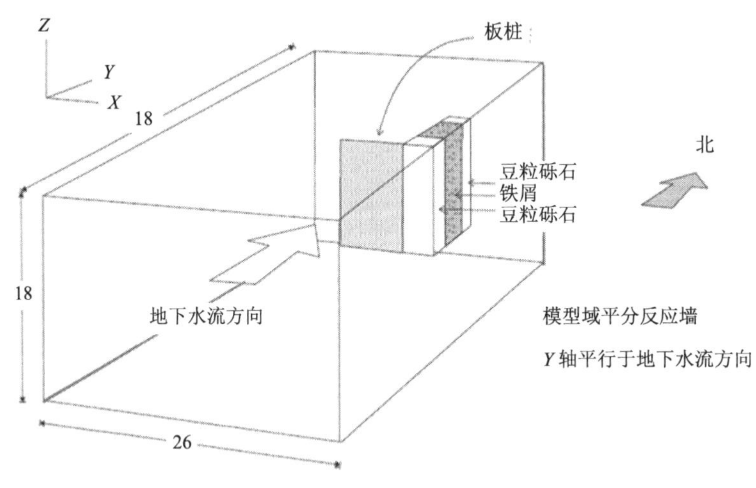

图 7-59　漏斗门障碍全景图模型尺寸（单位：m）

模型界限和网格：对于地下水径流模拟，模型区域为 26 m×18 m×18 m。栅格间距从 0.15~1.5 m 不等，反应障碍的顶点附近有更精细的间隔。

对于反应运移模拟，模型区域为 30 m×18 m×18 m。栅格间距从 0.03~1.5 m 不等，反应障碍的顶点附近有更精细的间隔。

水力参数：全部的区域分配一个统一的渗透系数，近似于含水层多相的本底值。对于流量模拟，渗透系数从 0.1 m/d 到 26 m/d 不等。这些值相当于场地示踪试验计算得到的最高和最低的渗透系数值。指定的渗透系数 46.4 m/d 也进行了模拟。这对应于反应混合物计算的平均渗透系数。

对于反应运移模拟，17 m/d 指定为该区域的渗透系数。这个值作为最大预期的渗透系数的现实估计。

6. 反应参数确定

（1）六价铬

柱实验得到的数据为反应障碍中反应物质选择的提供参考。在 69~101PV 的最开始的取样口（2.5 cm）铬浓度约从 10 mg/L 减小至 0.05 mg/L，依赖于柱子反应混合物。在后来的监测时间内，此取样口的 Cr(VI)浓度低于 MCL。这些结果表明 Cr(VI)的反应是非常迅速的，Cr 向前的迁移是非常慢的通过一些柱子，可能是由于沉淀导致的零价铁表明的改变反应。在经过 1400PV 到 2000PV 的空隙体积后，柱子流出液中的 Cr(VI)浓度预计会超过铬的 MCL 值(0.05 mg/L)。伊丽莎白市场地的估计流速为 10 cm/d，这对应于铬在 0.5m 颗粒状铁障碍 19~28 年的穿透。

（2）卤代烃类

从柱实验数据可以计算得出 TCE、cDCE 和 VC 与多种反应混合物的还原脱氯反应速率。反应速率的计算是为了确定不同的零价铁混合物的相关反应，同时后期的反应运移模型也可以使用这个数据。

约 40~50 个孔隙体积流经柱子后，可以获得沿着柱子的浓度分布剖面图。通过拟合连续不断的一阶衰减模型获得氯代有机物还原脱氯的速率常数。

通过区分地下水流速沿柱子的距离计算得到地下水在柱子中的停留时间。对浓度比停留时间数据进行非线性最小二乘法拟合得到速率常数和摩尔转移系数。

这个模型忽略了柱子中的散布和扩散作用。

TCE、cDCE 和 VC 的一阶速率常数和摩尔转移系数见下表（表 7-9）所示。

表 7-9　不同反应铁混合物的一阶速率常数

反应混合物	TCE 速率常数 1/D（T1/2 HRS）	摩尔转移系数（TCE→cDCE）/%	cDCE 速率常数 1/D（T1/2 HRS）	摩尔转移系数（cDCE→VC）/%	VC 速率常数 1/D（T1/2 HRS）
100%商业铁	16.27	17	5.83	27	6.31
50%商业铁 50%石英砂	9.81	8	0.15	100	1.27

续表

反应混合物	TCE 速率常数 1/D（T1/2 HRS）	摩尔转移系数（TCE→cDCE）/%	cDCE 速率常数 1/D（T1/2 HRS）	摩尔转移系数（cDCE→VC）/%	VC 速率常数 1/D（T1/2 HRS）
50%商业铁 25%石英砂 25%含水层介质	15.71	9	1.02	1	1.08
100%精铁	9.62	7	3.40	100	10.61
50%精铁 25%石英砂 25%含水层介质	13.17	4	4.23	100	10.99
平均值	12.92	9	2.93		6.06

（二）反应障碍设计和选择

1. 反应障碍的设计

为了评估漏斗门和连续墙结构的相对效能，进行了 5 组三维数值流动模拟（详见表 7-10）。在这些模拟中，所有的模型区域都分配统一的渗透系数。为了获得地下水速率、捕获面积和停留时间的预期范围，模拟了一系列含水层渗透系数。

表 7-10　应用于地下水径流模拟的渗透系数值

模拟	V 含水层 /(cm/d)	K 含水层 /(m/d)
1	0.09	0.1
2	4.17	4.8
3	14.5	16.7
4	22.6	26.0
5	40.3	46.4

砂砾：孔隙度 0.35；渗透系数 864 m/d

颗粒铁：孔隙度 0.38；渗透系数 46.4 m/d

反应障碍的吸收面是反应障碍截获的地下水横断面面积，它流经反应物质。捕获面积可以从地下水径流迹线估计得到。这些迹线可以通过 0.3m 间隔的反梯度浓度网格示踪得到，如图 7-60 所示。

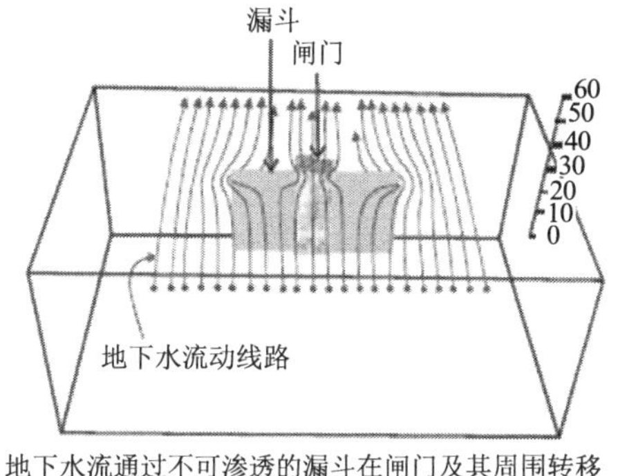

地下水流通过不可渗透的漏斗在闸门及其周围转移

（a）

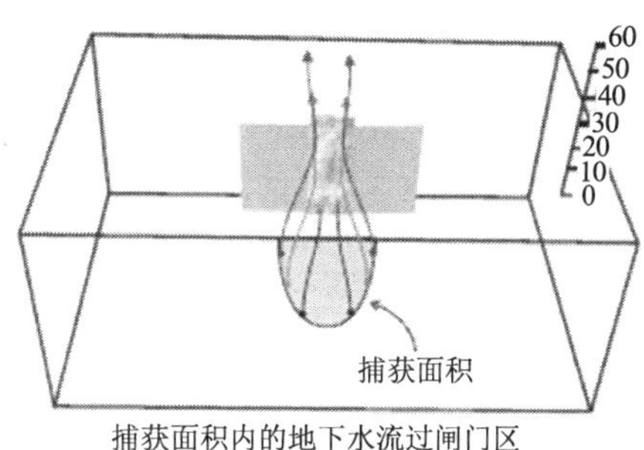

捕获面积内的地下水流过闸门区

（b）

图 7-60　临近漏斗门的地下水径流分歧（a）和捕获面积（b）

模拟的捕获区域为宽 15.8 m，深 9.1 m，厚 2 m 的漏斗门障碍，如表 7-11 所示。漏斗门不可渗透的漏斗增加了门（反应物质）区域的捕获面积。

表 7-11　不同含水层渗透系数条件下漏斗门捕获面积

模拟	K 铁/K 含水层	捕获面积/m^2	捕获面积（占漏斗门区域的百分比）	流向门的地下水面积（占漏斗区域的百分比）	捕获面积（与门区域有关的）
1	464	85	59%	45%	2.6x
2	10	83	58%	44%	2.5x
3	3	79	55%	41%	2.4x
4	2	70	49%	35%	2.1x
5	1	67	47%	34%	2.0x

注：1. 漏斗门总面积：143 m^2；

2. 每个漏斗（6.1 m 宽、9.1 m 深）的面积：55.2 m^2；

3. 门（3.6 m 宽、9.1 m 深、2 m 厚）的面积：32.76 m^2。

2. 反应栅栏的最终选择

基于费用考虑和流动模型的结果，连续墙被选为场地反应障碍的设计。流动模型表明，对于伊丽莎白市场地，漏斗门与连续墙相比没有水力优势，然而最初的成本估算表明墙结构对这个场地来说是更有效益的。

当横向水力梯度为 0.0033，渗透系数为 17 m/d 时，最大预期的水流条件上升。在这些水流条件下，模拟表明 1000 μg/L TCE，900 μg/L cDCE 和 101 μg/L VC 在大约穿行 0.33 m 铁材料后将会减少到 MCL 值。

表 7-12　污染物降低到 MCL 之前在反应障碍内的反应运移参数、源浓度和最小距离

	化合物		
	TCE	cDCE	VC
模型参数			
扩散系数 D_0/(cm²/s)	10.1×10^{-6}	11.4×10^{-6}	13.3×10^{-6}
速率常数 k /d	9.62	3.40	10.61
传送系数/%	7	100	N/A
源浓度/（μg/L）	10 000	900	101
反应墙内最小距离			
模拟 1	24cm	21cm	33cm
模拟 2	23cm	20cm	32cm

反应障碍最终的尺寸选择为 46 m×7.3 m×0.6 m。46 m 长和 7.3 m 宽的障碍对截获 Cr(VI)污染羽是足够的，它的污染羽大约有 35 m 长，6.5 m 深。

三、PRB 安装

（一）外形

地下的颗粒铁墙朝向东西方向，近似垂直于地面水流方向。于 1996 年 6 月 22 日安装在机库 79 停车场顺梯度的电镀厂下面。颗粒铁被放置在 0.6 m 宽的槽位里面，大约 2 m 和 7.3 m 深。颗粒铁障碍的顶端计划与浅水面的近似深度相一致。障碍的底部为挖掘机器所能达到的安装的最大深度。障碍约需要近 150 m³的颗粒铁。实验室测量的体积密度为 2.72 g/cm³，这个体积相当于约 450 t 的颗粒铁。安装之前，颗粒铁船运至伊丽莎白市，并存储在停车场塑料板材下面。

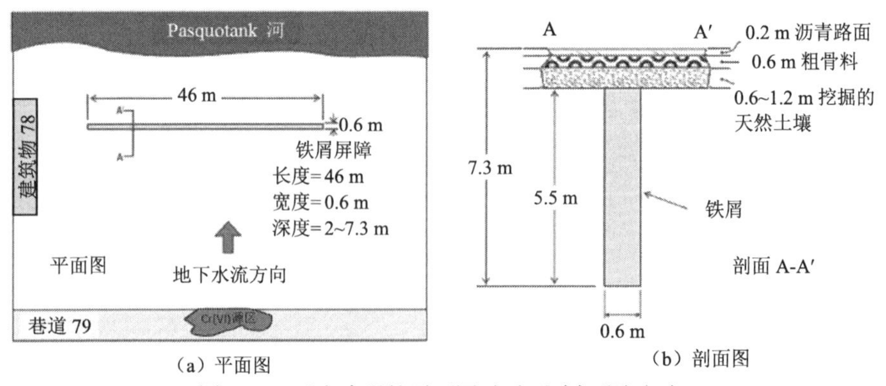

（a）平面图　（b）剖面图

图 7-61　反应障碍的平面图（a）和剖面图（b）

（二）场地准备

为了促进挖掘安装，在具体的停车场里生产了一个 80 m 长、1 m 宽的切口。覆盖有干草的塑料板材缠绕在切口两边（图 7-62）。塑料板材和狭缝用于阻止挖掘的土冲到河流里面去。大容量的泵和大的油槽车停在场地上，以防挖出物超过坡台面积的容量。

图 7-62　塑料板材铺设在沟的四周防止侵蚀

为了所有设备的整齐清洁，用塑料衬管和干草建立净化区。停车场安装区域完全的用栅栏隔开。

（三）安装

安装工作是由 Horizontal Technologies 公司（HTI）实施的，使用了一个连续挖掘的机器。这个挖掘机用于安装地下的障碍物，同时移除含水层物质和存储颗粒铁。挖掘的含水层物质通过挖掘带被运送至地表，然后转移到机器的一边。当颗粒状铁注入时，位于挖掘带后方的 0.6 m 宽的矩形盒保持槽位是打开的。总计 280 t 的颗粒铁被放置在这个沟内。使用的粒状铁质量明显少于实验室粒状铁体积密度计算出来的 450 吨的质量，如图 7-63 所示。

图 7-63 用于安装 7.3m 深，0.6m 宽颗粒铁障碍的挖掘机

由挖掘机挖掘的含水层物质，在沟的两侧形成了土壤泥浆。此外，在挖掘过程中含水层土壤也会掉落在沟内。这种连续的负荷和挖掘混凝土路面，导致沟两侧大约 3 m 路面的倒塌。如图 7-64、图 7-65 所示。

图 7-64 在沟的两侧挖掘含水层沉积物

图 7-65 沟两侧混凝土路面倒塌的图片显示

（四）安装后期的工作

从最初的 80 m 移除到 1 m 沟切口的混凝土，对其进行 VOCs 和铬的探测。一个也没有检测到，这些混凝土被处理到当地的垃圾堆。从沟内挖掘的土壤贮存在场地上。安装后的第二天，收集四种样品和一个重复样品，分析 VOCs 和铬。发现总铬的浓度在背景值水平。然而，土壤中的 TCE 浓度超过 MCL 值，因此在处理前需要额外的管理。

四、PRB 性能监测及评价

障碍物安装的总费用，包括最初的设计工作、土壤处理和接下来的工作，大约花费 98.5 万美元（见表 7-13）。实际的安装和颗粒铁的花费估计约 35 万美元。对于 5.3 m 厚和 0.6 m 宽的连续反应墙，这相当于安装和材料花费约为 7550 美元/米。

表 7-13 障碍物安装工程花费 （单位：美元）

	描述	花费
前期准备工作	场地评估	60 000
	RFI 工作计划	40 000
	RFI 实施	50 000
障碍物设计	模型	10 000
	小型试验	25 000
	预备试验	75 000

续表

	描述	花费
	设计	35 000
障碍物构建	颗粒状铁	200 000
	挖掘安装	150 000
	进场/清场	150 000
后期安装工作	CAMU	40 000
报告	RFI 报告	60 000
	CMS/中间报告	50 000
	基线报告	40 000
	总计	985 000

注：2017 年 2 月，1 美元=6.8760 人民币。

五、总结

美国北卡罗来纳州附近的伊丽莎白市海岸巡防空中支援中心在1996年6月安装了可渗透地下反应墙（长 46 m、深度 7.3 m、宽 0.6 m）。这个反应墙的设计是为了修复本场地受污染地下水中的六价铬。除此之外，还处理部分与之重叠的三氯乙烯地下水污染羽，此污染羽还没有被完全描述。利用连续挖沟技术，反应墙安装了大约 6 小时，同时移除了含水层沉淀物，并安装了多孔的反应媒介。反应媒介全部由平均粒径 0.4 mm 的颗粒状铁组成。根据六价铬、TCE 和降解产物的反应速率，渗透系数，孔隙率和费用等因素筛选反应媒介。

根据地下水流量和污染物运移的三维计算机模拟和费用考虑，连续反应墙结构选择了一种漏斗–导门式反应系统。模拟表明两种构型有可能被设计用于达到反应物质同样体积同样的吸收面和停留时间。然而，最初成本显示反应墙应该有一个比漏斗门较低的物料和安装费用。对于这个场地，46 m 长、7.3 m 深、0.6 m 宽的连续反应墙安装和材料成本大约为 7550 美元/线性米。颗粒铁反应墙的最小需求宽度是由栅栏内 TCE 衰减模拟决定的，而不是六价铬浓度减少决定的。因为六价铬的降解速率显著快速。在颗粒铁反应墙内部的污染物运移模拟表明在经过反应墙 0.3 m 低于最大流速预期的场地，10 000 μg/L 三氯乙烯、900 μg/L 顺二氯乙烯（cDCE）和 101 μg/L 氯乙烯（VC）还原为不超过最大污染水平（MCL）值，分别为 5、70 和 2 μg/L。

总的工程费用，包括场地评估、反应障碍设计、安装、土壤处理及后续修复，大约 985 000 美元。与美国海岸警卫队预期和抽水处理系统对比，这个反应墙在使用和维护费用方面 20 年周期内将会节约 400 万美元。

参 考 文 献

滕应，陈梦舫. 2016. 稀土尾矿库区地下水污染风险评估与防控修复技术. 北京：科学出版社.

Beck P, Harries N, Sweeney R. 2001. Design, installation and performance assessment of a zero valent iron permeable reactive barrier in Monkstown, Northern Ireland. Technology Demonstration Report TDP3. London, UK: Contaminated Land: Applications in Real Environments.

Blowes D W, Mayer K U. 1999. An in-situ permeable reactive barrier for the treatment of hexavalent chromium and trichloroethylene in ground water: Volume 3 multicomponent reactive transport modeling. United States Environmental Protection Agency, Cincinnati, OH. Environmental Protection Agency, Office of Research and Development, Washington DC.

Roehl K E, Meggyes T, Simon F G, et al. 2005. Long-term performance of permeable reactive barriers (Vol. 7). Gulf Professional Publishing.

结　语

本书对地下水可渗透反应墙技术进行了全面的总结，内容涵盖可渗透反应墙技术的原理、结构、填料的选择、修复机理、设计、安装、施工、性能监测、评价、维护等方面，并参考若干国内外工程案例，对 PRB 技术的历史、原理及应用情况进行系统分析，以期为我国 PRB 工程建设及地下水污染修复提供参考。

地下水 PRB 修复技术是一种高效的技术，是欧美发达国家普遍研究的一项污染修复技术，且已将研究和实际工程相结合，开始向商业化方向发展。而我国在此项技术的研究方面起步较晚，目前尚属新兴技术，处于技术开发和推广阶段，还有待更进一步提升。与传统泵抽处理方法相比，此项技术是一种有效的原位地下水污染修复技术，不需要外力装置，且活性介质可长期发挥修复作用，对生态环境扰动较小，除前期的投资和长期监测外，后期几乎不需要任何费用，有较好的应用前景。结合我国国情，引入此修复技术具有重要意义。